21世纪高等学校规划教材 | 软件工程

建模视角下的面向对象程序设计

刘鹏远　温　珏　孙宝林　主　编

崔洪芳　曾长军　副主编

清華大學出版社

北　京

内容简介

本书是一本集C++语言高级特性和面向对象思想于一身的中级技术指南。在涵盖了C++语言的主要特点(封装、继承、多态)之余,从软件建模的视角出发,引入了针对抽象编程、聚合优先于继承、低耦合、高内聚等面向对象思想的讲述。此外,对困惑程序员已久的程序依赖问题做了深入分析;给出了异步消息通信的原理及实现;引入了架构分析,对循环依赖和MVC模式的原理实现及缺陷改良也做了深入论述。本书有别于一般介绍C++语言的书籍,涉及了一些底层原理和编译知识的挖掘理解;不同于纯粹介绍软件模式等面向对象设计方面的书籍,在内容设计上注重由浅入深,实例指导;结合面向对象思想,对各种软件基础模式的原理思想和实现也有介绍。

本书可作为高等院校相关专业高年级本科生、研究生的教材,也可作为软件开发领域工程师的参考书。

图书在版编目(CIP)数据

建模视角下的面向对象程序设计/刘鹏远,温珏,孙宝林主编. —北京:清华大学出版社,2014(2025.1重印)
21世纪高等学校规划教材·软件工程
ISBN 978-7-302-38324-6

Ⅰ. ①建… Ⅱ. ①刘… ②温… ③孙… Ⅲ. ①面向对象语言-程序设计-高等学校-教材 Ⅳ. ①TP312

中国版本图书馆CIP数据核字(2014)第236755号

责任编辑:刘 星 赵晓宁
封面设计:傅瑞学
责任校对:李建庄
责任印制:刘 菲

出版发行:清华大学出版社
网 址:https://www.tup.com.cn,https://www.wqxuetang.com
地 址:北京清华大学学研大厦A座 **邮 编**:100084
社 总 机:010-83470000 **邮 购**:010-83470235
投稿与读者服务:010-62776969,c-service@tup.tsinghua.edu.cn
质量反馈:010-62772015,zhiliang@tup.tsinghua.edu.cn
课件下载:http://www.tup.com.cn,010-83470236
印 装 者:北京鑫海金澳胶印有限公司
经 销:全国新华书店
开 本:185mm×260mm **印 张**:12.5 **字 数**:310千字
版 次:2014年11月第1版 **印 次**:2025年1月第8次印刷
印 数:4501~5000
定 价:39.80元

产品编号:061139-02

本书编委会

主　编　刘鹏远　温　珏　孙宝林

副主编　崔洪芳　曾长军

委　员　桂　超　胡汉武　李　祥

包　琼　邓沛华　刘　坤

关培超　陈　婕　尤川川

出版说明

随着我国改革开放的进一步深化，高等教育也得到了快速发展，各地高校紧密结合地方经济建设发展需要，科学运用市场调节机制，加大了使用信息科学等现代科学技术提升、改造传统学科专业的投入力度，通过教育改革合理调整和配置了教育资源，优化了传统学科专业，积极为地方经济建设输送人才，为我国经济社会的快速、健康和可持续发展以及高等教育自身的改革发展做出了巨大贡献。但是，高等教育质量还需要进一步提高以适应经济社会发展的需要，不少高校的专业设置和结构不尽合理，教师队伍整体素质亟待提高，人才培养模式、教学内容和方法需要进一步转变，学生的实践能力和创新精神亟待加强。

教育部一直十分重视高等教育质量工作。2007 年 1 月，教育部下发了《关于实施高等学校本科教学质量与教学改革工程的意见》，计划实施"高等学校本科教学质量与教学改革工程（简称'质量工程'）"，通过专业结构调整、课程教材建设、实践教学改革、教学团队建设等多项内容，进一步深化高等学校教学改革，提高人才培养的能力和水平，更好地满足经济社会发展对高素质人才的需要。在贯彻和落实教育部"质量工程"的过程中，各地高校发挥师资力量强、办学经验丰富、教学资源充裕等优势，对其特色专业及特色课程（群）加以规划、整理和总结，更新教学内容、改革课程体系，建设了一大批内容新、体系新、方法新、手段新的特色课程。在此基础上，经教育部相关教学指导委员会专家的指导和建议，清华大学出版社在多个领域精选各高校的特色课程，分别规划出版系列教材，以配合"质量工程"的实施，满足各高校教学质量和教学改革的需要。

为了深入贯彻落实教育部《关于加强高等学校本科教学工作，提高教学质量的若干意见》精神，紧密配合教育部已经启动的"高等学校教学质量与教学改革工程精品课程建设工作"，在有关专家、教授的倡议和有关部门的大力支持下，我们组织并成立了"清华大学出版社教材编审委员会"（以下简称"编委会"），旨在配合教育部制定精品课程教材的出版规划，讨论并实施精品课程教材的编写与出版工作。"编委会"成员皆来自全国各类高等学校教学与科研第一线的骨干教师，其中许多教师为各校相关院、系主管教学的院长或系主任。

按照教育部的要求，"编委会"一致认为，精品课程的建设工作从开始就要坚持高标准、严要求，处于一个比较高的起点上；精品课程教材应该能够反映各高校教学改革与课程建设的需要，要有特色风格、有创新性（新体系、新内容、新手段、新思路，教材的内容体系有较高的科学创新、技术创新和理念创新的含量）、先进性（对原有的学科体系有实质性的改革和发展，顺应并符合 21 世纪教学发展的规律，代表并引领课程发展的趋势和方向）、示范性（教材所体现的课程体系具有较广泛的辐射性和示范性）和一定的前瞻性。教材由个人申报或各校推荐（通过所在高校的"编委会"成员推荐），经"编委会"认真评审，最后由清华大学出版社审定出版。

目前，针对计算机类和电子信息类相关专业成立了两个“编委会”，即“清华大学出版社计算机教材编审委员会”和“清华大学出版社电子信息教材编审委员会”。推出的特色精品教材包括：

(1) 21世纪高等学校规划教材·计算机应用——高等学校各类专业，特别是非计算机专业的计算机应用类教材。

(2) 21世纪高等学校规划教材·计算机科学与技术——高等学校计算机相关专业的教材。

(3) 21世纪高等学校规划教材·电子信息——高等学校电子信息相关专业的教材。

(4) 21世纪高等学校规划教材·软件工程——高等学校软件工程相关专业的教材。

(5) 21世纪高等学校规划教材·信息管理与信息系统。

(6) 21世纪高等学校规划教材·财经管理与应用。

(7) 21世纪高等学校规划教材·电子商务。

(8) 21世纪高等学校规划教材·物联网。

清华大学出版社经过三十多年的努力，在教材尤其是计算机和电子信息类专业教材出版方面树立了权威品牌，为我国的高等教育事业做出了重要贡献。清华版教材形成了技术准确、内容严谨的独特风格，这种风格将延续并反映在特色精品教材的建设中。

清华大学出版社教材编审委员会
联系人：魏江江
E-mail：weijj@tup.tsinghua.edu.cn

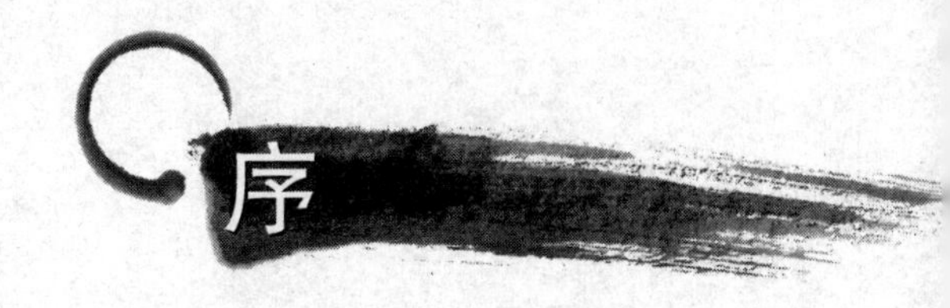

所有从事计算机行业的人都离不开C/C++语言的学习，但那种艰难历程相信不少人都终生难忘。虽然国内外的经典C/C++技术书籍流行甚广、读者众多，如《深度探索C++对象模型》、《C++ Effective》、《Thinking in C++》、《C++ Primer》等，但适合在校大学生和入门读者的不多，适合中级程序员水平的也不多，特别是将软件建模的基础模式与编程语言结合起来贯彻面向对象思维进行讲述更为少见。

欣慰地看到本书作者们的辛勤努力。当展开目录时，就有一种不同寻常的感觉。该书关于语言基本要素部分的讲述不足5页，但对于类对象、类间关系则花费了140页之多来深入阐述，这对于一本首先致用于教学用书来说是一种大胆尝试和创新。

这是一本适合中高级程序员学习和系统回顾掌握复杂特性的技术参考书。能够看到作者们为减缓读者学习坡度做了精心设计，在章节内“巧借联想”多处搭桥；在阐述引用前先将指针阐述透彻加以分析对比；介绍软件复用时把面向对象思想原则中最基础和重要的内容通过详例阐明；讲述对象构造、析构时对内存机制分析清晰；讲述两类多态时又将预编译处理、编译绑定、运行时绑定有效结合；在论述应需而变时，从函数指针动态切换、通用指针等C语言的一些向高级阶段发展的趋势入手，渐进引入到C++动态多态以不变应万变。诸如此类，可见作者们的精心考量和智慧。

卢炎生

武汉工商学院副校长

原华中科技大学计算机学院副院长

2014年7月

前言

为什么要写这样一本 C++技术书籍

本书最开始的想法很简单，即为定制班的学生服务。本书第一作者在 IT 行业从业近十年，是软通动力信息技术(集团)公司的高级系统分析师，同时也是一名高校教师。2010 年5 月软通动力公司与笔者所在高校签订了 C++软件工程师定制班培养协议，从那时起，就有了系列教材出版计划，其中《面向对象 UML 系统分析建模》于 2013 年 9 月已由清华大学出版社出版。

从实际教学和工程指导所需来看，为何不能够集中课时将关注点集中在 C++的中高级特性上，少言甚至滤去有关输入输出、基本语言特性部分；为何不能将两类多态的原理讲透彻，让学生理解多态中蕴含的软件复用的发展；为何不能结合软件设计模式让学生理解拥抱变化的内涵；为何不能结合面向对象思想精髓让学生在初始编程时就养成测试驱动和 MVC 分层、针对抽象不针对具象的基本素养？每一个 IT 人，都有着技术的狂热和理想，自己不例外更希望能适当总结一些单纯、适用的东西给这些年轻的 IT 从业者，希望他们能在商业项目忙碌之余，手头上能有一本给予适当启发的参考书。

自 C++语言诞生以来，面向对象程序设计成为主流，但 C++语言学习的高难度使得它在程序员市场在 21 世纪初面临着以 Java 语言为代表的第二代面向对象程序设计语言的强烈竞争。自 Visual Basic、Delphi 等客户前端开发工具出现后，C/C++语言逐步退出桌面端开发工具市场，而退守深植根于嵌入式和后台交换控制领域。1998 年 Java 语言诞生，以其前后台通吃地全面性席卷全球，并迅速迎来 Web 开发时代，软件迎来 C/S 模式向 B/S 模式的深刻变革。一时间，在桌面开发工具市场上，Java 的 AWT/SWING 所向披靡，摧枯拉朽般消灭了 Visual Basic、Delphi、PowerBuilder 等开发工具；在 Web 开发工具市场，J2EE 的 JSP＋Servlet 的 Model2 模型迅速成为市场主流压倒 ASP 框架。更主要的是，Java 语言一改程序员严格的内存分配、初始化、释放自律负责的态度，程序员不再需要关注内存细节，极大降低了编程难度；Java 首创虚拟机即时编译，使得字节码的编译结果得以在不同虚拟机平台上再次动态编译执行成为可能，从根本上解决了应用程序的扩 OS 平台移植难题——此举从根本上将程序员繁重的移植任务交给了 Java 语言本身，即由 JDK 的拥有者负责不同版本虚拟机的支持解释。但不论 Java 如何强势，在 TIOBE 编程语言排行榜独占鳌头近十年，但在企业后台交换市场和一些严格强调安全性、并发性、效率性能的行业市场，C/C++以其专业性地位牢不可破。纵观 20 世纪 80 年代以来的编程语言市场，C/C++语言该体系遥遥领先于其他编程语言，即便 Java 语言最强大时期也从未占据 20%以上份额；最近七八年来，随着移动互联和手游的兴起，C++以其杰出的底层控制和语言效率王者归来，与 C 语言、Java 语言一起牢牢占据着 TIOBE 编程语言排行榜的三甲。

在程序员初入行市场薪资水平上，C/C++程序员工资一般高于Java程序员，近年来对C/C++程序员的追逐饥渴热度直线上升，且与Java程序员工资差距呈现不断扩大趋势。作为企业任职的高级系统分析师和高校教师双重身份的我们，不禁疑惑，究竟是怎么了，那些20世纪80～90年代大学生们学习C/C++的狂热都到哪里去了？

问题还是出在Java身上，它把程序员惯坏了：它让身为程序员应具有的严格、规范和全局性思维不再。越来越多的人认识到，学生必须掌握基础，必须牢固地理解内存和OS机制，而不能什么都交给虚拟机。数据结构、算法课程，更应植根于C/C++本身特性，而并非各种STL、JDK的教学上。

另外，Java语言和J2EE框架的流行又极大地普及了设计模式和软件建模的应用。那么反过来，是否可以将这种模式建构系统的观点应用在C++语言中的教学中，让从业者、初学者能从浩如烟海的C++知识点中汲取到那最宝贵的百分之十面向对象思想？笔者教学和实施项目之余，常常想着这样的念头如何付诸实施。2013年9月，经过3年认真删减留下的精简版的《面向对象UML系统分析建模》终于出版了，该书有别于传统讲述UML和RUP模型的工具书，反而更似一本将建模与设计模式结合的技术专著，得到众多褒扬之余，也下定决心再写一本C++与建模结合的书，让学习C++语言的人能够感受到面向对象之美，体验设计模式之灵活神奇。

书的主要内容有哪些

全书共8章，第1和第2章扼要回顾C语言并介绍C++语言的主要特点（封装、继承、多态），对功能分解和逐步分层求精做了深入阐述，对软件复用做了归纳，对容易混淆的变量/函数声明、变量/函数定义做了清晰的区分，对多文件工程常见的头文件重复包含问题给出了原理上的分析和解决方法；第3章将指针和引用一起做了深入的分析比对；第4章对类和对象做了全面的阐述（类结构、类的分析识别过程、对象初始化、析构）；第5章全面深入地阐述了两类多态原理，对函数间的重载、覆盖、隐藏关系做了精确深入的剖析，并引入了针对抽象编程这一关键面向对象思想；第6章对类间的4种关系（继承、聚合、关联、依赖）做了清晰描述，结合实例引入了聚合优先于继承以及低耦合高内聚等面向对象思想的讲述，对困惑C++程序员的程序依赖问题做了深入挖掘分析，最后详尽阐述了消息通信机制，给出了异步消息通信的原理及实现；第7章对内存泄漏、运算符重载、友元、抽象类以及virtual“三虚”做了全面细致的分析阐述；第8章对循环依赖问题、架构分析以及MVC原理实现与缺陷改良做了深入论述，最后引入了一个综合应用了针对抽象编程、依赖倒置、聚合优先于继承等面向对象思想的实例。

谁需要本书

学习和了解了一些C++语言特性，但却始终无法真正迈进面向对象大门的程序员可能需要本书；绝大多数在面向对象领域里刻苦攻读、努力实践、却迟迟不能看到美好回报的程序员可能需要本书；一些准备学习设计模式、UML软件建模、软件重构和软件体系结构知识的中高级软件工程师可能需要本书。

分工与答谢

笔者都是从业 IT 多年的软件工程师、项目经理或高校教师。孙宝林、崔洪芳和曾长军负责编写第 1 章；桂超、胡汉武和李祥负责编写第 2 章；关培超、刘坤和邓沌华负责编写第 3 章；包琼、陈婕和尤川川负责编写第 7 章；刘鹏远和温珏负责其余章节的编写及全书统稿。

在本书编写过程中，要特别感谢戴志锋和曾宇容等人，是他们在长期教学实践中给予真知灼见的指导。要向王虹致以崇高敬意，本书体例编写、文字组织得到了他的精心指导；要向薛吉宝、蒋国银等领导致谢，是他们的坚强领导和有力组织使得该书从签订合同到付梓出版仅耗时半年多时间；要向软通动力信息技术(集团)的陈友华、李江波、苑永超、汪亚军、袁盐成等同事们致意，感谢他们的宝贵意见和建议，使该书更能适应 IT 企业员工的所急所想，更具有实用性；最后，还要感谢华中科技大学的陈传波、云南大学的李彤，以及南湖地区计算机联盟、湖北省高校计算机学会联盟等单位的支持，没有他们的不吝赐教与帮助，本书难以如此顺利的出版。

反馈

本书作者是普通的程序员，也是高校教师，水平有限，书中错误在所难免。欢迎同行和读者就本书的内容、文字、体例不吝赐教。笔者的电子邮箱为 waynewendy@126.com。

编 者

2014 年 9 月

目 录

第1章 绪论

本章将简要介绍 C++语言，其间涉及一些 C 语言特性的归纳概括。

本章重点：

多文件工程；

水平分解与垂直分层；

多态。

难点：多态。

1.1 结构化程序设计的特点

结构化，即为“功能分解、逐步求精”。如果将结构化编程的思想引入软件建模领域，那么功能分解，即子系统划分的原则；逐步求精，即分层的原则。上述两个过程，一般都是先进行水平方向上的功能分解，再对某一功能点进一步进行垂直方向上的逐步求精。

1.1.1 水平功能分解

功能分解即水平地划分功能点集合，使得能够分而治之地逐步解决大的问题。

不可能单独用一个模型来反映整个系统的任何侧面。软件系统是复杂的，对于软件模型的任意一个侧面不可能用一个模型来反映所有内容，需要把问题分解为不同的子模型，分别处理这些模型，相对独立但又互相联系，综合起来构成了此侧面的一个完整的模型。从方法论的角度来说，当一个系统比较大时，采用分治的策略将其划分为较小规模的多个系统，从而容易分别去思考分析解决问题的方法，即运用子系统划分的思想方法。

以学生管理系统为例，初步分析认为在一个大学校园中，学生管理系统应具有以下功能：

- 选课管理；
- 成绩浏览；
- 课程网上评教；
- 班级管理；
- 班级 BBS。

又以模拟 QQ 的短消息通信软件为例，可以初步做水平划分认为有以下功能：

- 接收阅读消息功能；

- 发送点对点消息功能；
- 增、改联系人简介功能；
- 群发消息功能；
- 群邮件功能。

1.1.2 垂直逐步分层求精

逐步求精：垂直划分问题聚焦功能点，使得对功能点的认识从表面深入到里层，完成对陌生事物从抽象到具体的认识过程。

从结构化程序设计的“逐步求精”来看，对一个问题的解决分析是逐步深入的。随着不断深入，软件系统也在衍生划分出新的层次，每个层次只关注于本层应着力解决的相关问题。以内聚性来看，每层是一个功能相对独立的内聚体。

面对复杂事物，需要由表及里。例如，对模拟 QQ 的短消息通信软件，需要对 1.1.1 节列出的所有功能点进一步做逐步求精，即垂直分层划分。为节约篇幅，这里选取点对点短消息发送这个功能点，显然，至少可纵向分为两层：

(1) 提供输入和输出显示的正文框。

(2) 后台消息发送处理。

对于前台的正文框已经分析足够清楚，但对于第二层还需要进一步求精。

- 需要解析得出该头像联系人活跃的 QQ 进程以便连接；
- 需要解析得出该头像联系人活跃的 QQ 进程所在计算机的 IP 地址以便通信；
- 需要解析得出该头像联系人活跃的 QQ 进程所在计算机的网卡 MAC 地址以便底层数据链路通信。

按照上述理解，将该功能以分层的形式对应于 TCP/IP 分层模型，如图 1-1 所示。

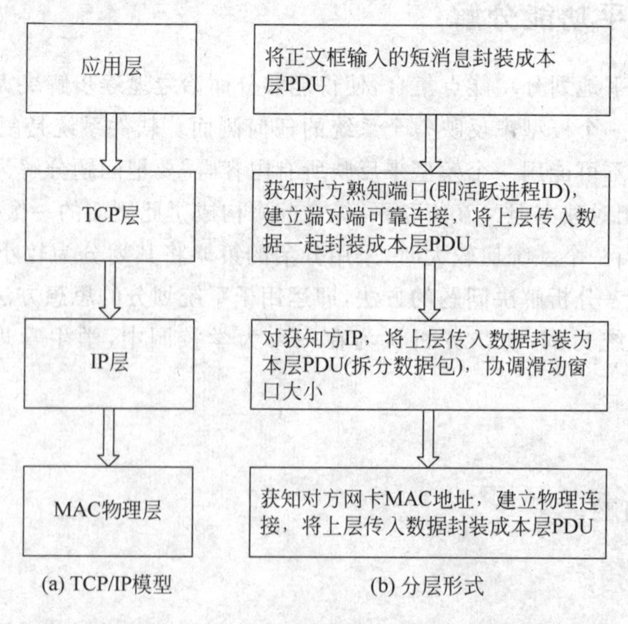

图 1-1 TCP/IP 模型图对应于相应分层形式

小结：

子系统划分是将复杂事物分而治之的水平划分方法。分层是逐步求精的纵向划分方法，是人们观测和思考世界的基本原则和方法，也是结构化程序设计的基本思想。

需要指出的是，不能以功能分解作为最开始的分析建模步骤，否则不同模块可能产生很强耦合去操作同一个数据，参见 8.2 节。

1.2 C++的特点

C++(C PLUS PLUS)名字本身就说明它是C语言的超集，即继承和保持了C语言的一切特性以保证全面的兼容性。总体来看，C++语言新增了一系列重要的特性：如为了改善编译器的“宽容”，C++将比C更严格执行编译类型检查(强类型检查)；为减少无序和不安全的函数间耦合，C++将全局平面化的函数组织到类这样一个域中，通过给予数据封装，使得函数间错综复杂不受限的耦合改良为相关函数的在类内部的数据耦合、功能耦合；为提高软件复用性，提供了继承这样一个强有力的机制来模拟现实世界中普遍存在的一般—特殊关系；为提供软件模型的灵活性，提供的两类多态机制等。

1.2.1 全面兼容C

1. 函数驱动

无论C或C++程序，都以函数驱动的形式执行，即从一个函数的内部的执行流程，到因为函数调用跳转到被调用函数内部执行另一个流程。当被调函数执行结束时，需要返回结果并回至函数调用发生处下一句继续原来的处理。那么当发生函数调用时，系统执行点从调用函数跳转到被调函数内部之前，需要先保存现场方便将来继续调用函数流程处理(该过程也称为保存断点，包括保存实参、返回地址)。

由于函数调用经常是嵌套式的，即可能 a－＞b－＞c 的形式，那么返回时应该是从 c－＞b′－＞a′的形式。b′表示 b 调用 c 函数的 b 内的下一句，a′表示 a 调用 b 函数的 a 内的下一句。从上面的保存和返回次序看出这是一个典型的后进先出次序(先保存 a，再 b，再 c，先返回 c，再 b，再 a)，因此 OS 使用系统堆栈来保存函数调用发生时的断点。

每当进入一个函数，就要在系统堆栈中分配该函数体中的形参变量和局部变量的内存(自右向左)。一旦调用某函数，立即压栈保存返回地址，然后控制转移到被调函数内部。

进入被调函数内部，在系统堆栈中继续分配形参变量和局部变量内存，当遇到 return 语句或函数结尾的“}”时，处理结果立即保存在 eax 寄存器中(若有返回值)，并 pop 销毁分配的形参和局部变量，最后 pop 的双字单元就是前面保存的返回地址，系统回到原来的被调函数继续后面的语句执行。

以下面的程序段为例：

```
void main()
{
    L1: int x = 0;
    L2: int y = f(x);
    L3: while( … )
```

```
    ⋮
}
```

（1）系统堆栈 push 分配保存 x、y 局部变量，当在 L2 处调用 f 函数时，系统 push L3 语句的地址作为 f 函数调用的返回地址(L3 是发生函数调用 L2 语句的后一条语句)。

（2）控制转移到 f 函数内部，f 函数内 push 分配保存形参 x 变量，并将实参值赋值给形参，然后在栈顶继续开辟空间分配 f 函数中其他局部变量。

（3）当 f 处理完内部逻辑需要返回时，将处理结果保存到 eax 寄存器(若有返回值)，pop 销毁一系列局部变量和形参变量，再退栈取得返回地址。系统按返回地址返回到主调函数，从 eax 寄存器中取出返回值给 y 继续顺序处理。

给出一个程序段实例：

```
void funcA(int,int);
void funcB(int);
void main()
{
  int a = 6; b = 12;
  funcA(a,b);
}
void funcA(int aa, int bb)
{
  int n = 5;
  ⋮
  funcB(n);
}
void funcB()
{
  int x = 0;
  ⋮
}
```

当函数进行到 funcB 内部时，内存中的系统栈结构如表 1-1 所示。

表 1-1　系统栈结构 1

	栈区	
funcB()	0(x)	← 当前栈顶
	5(s)	
	返回 funcA()调用 funcB()之后语句地址	
	funcA()状态	
funcA()	5(n)	
	6(aa)	
	12(bb)	
	返回 main()调用 funcA()之后语句地址	
	main 状态	
main()	6(a)	
	12(b)	
	参数	
	返回 OS 调用 main()之后语句地址	
	OS 状态	

当函数返回到 main()时，系统栈内存情况如表 1-2 所示。

表 1-2 系统栈结构 2

main()	栈区
	0(x)
	5(s)
	返回 funcA()调用 funcB()之后语句地址
	funcA()状态
	5(n)
	6(aa)
	12(bb)
	返回 main()调用 funcA()之后语句地址
	main 状态
	6(a) ← 当前栈顶
	12(b)
	参数
	返回 OS 调用 main()之后语句地址
	OS 状态

注意：*尽管回到 main 函数，系统栈内曾经分配给被调函数 funcA/funcB 的局部变量、形参变量等内存块均已释放，但栈内仍存留有大量的"脏"内存值。*

2. 函数三要素

函数的三要素指：函数声明、函数调用，以及函数定义。程序由函数间相互调用而组织，和变量先声明后使用一样，函数也必须遵循先声明后调用使用的规则。

声明是一种访问前的说明，即方便编译器进行编译检查；一旦有了声明，就表示有了合法访问的授权。

在同一作用域内，变量不可重名。在跨文件的域，全局变量可以在一个文件中定义，在其他多处文件中声明后再访问。

函数声明居于函数调用之前，就表明下面的代码中对该函数的调用被视为合法——具体编译时会将函数名、参数表进行声明与调用的实形参匹配检查。这个过程成为函数调用的参数绑定，简称编译绑定(Binding)。

此处讲述的是函数声明等三要素，有关变量声明与变量定义，将在 3.5 节集中展开阐述。

3. 多文件工程

1）至少有三个原因需要编译器提供多文件工程的便利

(1) 一个程序不可能是一个人完成的，需要进行多人的分工。

(2) 一个程序也应该是分层编写的，以免造成不应有的等待延误。

(3) 一个程序从规模上考虑也应该首先进行水平功能分解为多个部分进行编写的。

这三个原因决定了编译器应该支持多文件工程，一个工程(Project)就是一个程序(软件系统)，它应可以由多个文件以一定规则组合起来。基于函数三要素的解读，一个程序就可以直观地分解成三层：声明层、调用层和定义层。可简单认为声明层是一个公开的文本文件(假设 x.h),表明开放给调用者使用的法律声明文件,一旦在调用层的文件中包含这个声明文件(#include x.h),那么就获得了访问授权;定义层则是服务提供者,它实现了服务的细节。

多文件工程使得每个程序文件(.cpp)相对功能独立,编译互相独立,有助于快速排错和调试跟踪;从 MVC 模式(参见 8.1 节)的观点来看,一个工程由控制器(一个 main.cpp 文件)、视图层(一组.h 文件),以及模型层(一组.cpp 文件)构成,三层的隔离也使得人员分工合理,提高并行性,为视图与模型层增加了适应各自变化的灵活度。这里强烈建议并要求程序员严格按照三层规范隔离不同层的多个文件,不加说明,都应遵循此规范。本书为节约篇幅,对类的代码举例时使用了类声明与定义合并的形式(隐式声明),不代表鼓励这种代码形式,而应与之相反拆开成 MVC 三层模型形式。

上面对定义层的描述,还意味着可能服务提供者需要为它的独有实现保密,即不提供源码(.c 或.cpp),而只提供编译后的目标文件(.obj)以供用户调用。

2) C/C++编译器显然支持分层多文件

(1) 创建工程,将 f.obj 目标文件、main 所在主控文件和 f.h 目标文件的头文件三者加入该工程。

(2) 在调用该函数处 include“f.h”。

例如,下面的程序段:

```
//f.h
int f(int a);
//main.cpp
void main()
{ f(5); }
//f.cpp
int f(int a)
{…}
```

创建 project,调整后加入如下的三个文件。

```
//f.h
int f(int a);
//main.c
#include "f.h"
void main()
{ f(5); }
//f.cpp 或编译后的 f.obj
```

创建工程后,必须保证每个文件可以单独编译(f.obj 是 f.c 编译后的目标文件):

① 对.h 文件,编译器不检查内容,直接跳过。

② 对 f.c 文件,编译器检查其内有无语法错误,有无对其他函数的调用(若有,还需在该.c 文件头包含对应被调函数的声明)。

③ 对 main.c 调用体所在文件,要保证调用之前必须声明,须包含 f.h 文件。

在多文件工程中,按照测试驱动的观点,应该首先编写测试体,即驱动模块,假设命名为 main.cpp。

```
//main.cpp
void main()
{
 int x = f();
}
```

此时单独编译 main.cpp,编译器指示调用之前要有 f 声明的编译错误。于是在顶端增加“int f();”按照多文件工程将错误局部化以及便于分工的观点,将该声明置入一个声明文件,相应的 main.cpp 形式如下:

```
//main.cpp
#include "f.h"
void main()
{
 int x = f();
}
```

接下来应该编写这个待定的 f.h 文件,其内仅是 f 函数的声明形式:

```
//f.h
int f();
```

当 main.cpp 和 f.n 准备好时,对 main.cpp 进行编译,这时程序员精力集中于修改编译错误,确保 main.cpp 能够编译成功。

当 main.cpp 测试体编译成功后,需要编写提供服务方的功能函数。按照测试驱动的观点,应首先给予一个默认实现或最初版本的实现,以便解决联调可能发生的编译错误和运行错误,具体如下:

```
//f.cpp
int f()
{
 return 0;
}
```

当完成上述最简版本(处理为空)的 f 函数定义后,立即独立编译该文件,修改可能有的编译错误。例如,可能 f 函数中又调用了 g 函数,那么还要加入更多的包含声明(如 #include “g.h”等)和编写更多的声明体(如 g.h 等)。然后回到测试体 main.cpp,开始链接 f.obj 和 main.obj 为可执行文件。

无论如何,首先只需给出最简版本某一个函数,而不要一次将多个功能函数定义都编写完再来编译该定义层 cpp 文件。只有局部化地逐个编写功能函数,才能在 main 调用体中通过局部化地逐个调用功能函数来发现局部化运行错误。

在继续展开 C++语言关于兼容 C 语言特点之前,需要对多文件工程常出现的头文件重复包含、类型重复定义(Type Redefinition)、变量重复(Variable Duplication)等常见错误做出剖析。从表象看,可将错误发生原因分为两类,即情况 1 和情况 2。

3) 多文件工程常见的错误

(1) 情况 1:一个 cpp 文件重复包含同一.h 文件逻辑。

例如:

```
//f.h
void f();
typedef struct
{
  char * studentNo;
  char * name;
}Student;
//main.cpp
#include "f.h"
#include "f.h"
void main()
{f();}
// f.cpp
#include "f.h"
void f()
{Student a;}
```

上面故意造成 main 函数两次#include 包含同一个.h 文件的情况。#include 预编译指令在编译处理时，会从指定位置找到文本文件，然后复制内容替换该行。即当独立编译 main.cpp 文件时，该文件首先进行编译预处理，main.cpp 展开为：

```
//#include "f.h",被替换为如下 f.h 文件的内容
void f();
typedef struct
{
  char * studentNo;
  char * name;
}Student;
//#include "f.h",被替换为如下 f.h 文件的内容
void f();
typedef struct
{
  char * studentNo;
  char * name;
}Student;
void main()
{Student a;}
```

然后进行编译过程，显然，发现了重复的类型定义错误，即 Student 类型被定义了两次，但不会提示 void f();声明两次的错误。因为后者是函数声明，而声明是可重复出现的，表示授权后面对该函数的访问。

上述 main 函数似乎很"笨"，它重复地包含了同一个.h 文件。实际上是如下情况。

(2) 情况 2：不同文件名的.h 文件内含有相同的定义逻辑，又被同一.cpp 包含。

例如：

```
//f. h
void f();
typedef struct
{
```

```
    char * studentNo;
    char * name;
}Student;
//g.h
void g();
typedef struct
{
    char * studentNo;
    char * name;
}Student;
//main.cpp
#include "f.h"
#include "g.h"
void main()
{Student a;}
…//f.cpp 与 g.cpp 略
```

无论是否包含了同一个.h文件，但main.cpp文件内包含了同样的类型定义逻辑，在对main.cpp编译时会发生前述重复定义问题。

情况1和情况2在多文件编程中十分常见，不同的.h文件中包含了相同的定义逻辑，而且该问题是不可预见且无法避免的。那么，当编译一个包含了多个相同定义逻辑的.cpp文件时，显然预编译会报错。

(3) 情况3：多文件工程中不同.cpp文件内包含同一.h文件逻辑。

仍以情况1中的程序段为例，对main.cpp和f.cpp的分别编译生成了目标文件，但链接时会不会出现类型重复定义错误呢？一种错误理解是，链接的过程需要将各个目标文件代码合并为单个文件，就好像是在一个.cpp文件中书写所有的函数声明、定义和函数调用。如此一来，合并后不同.cpp文件中的重复包含.h逻辑错误将再次出现。

实际上，上述程序完全正确，最后也链接成功。需要考虑的是，这里合并的是编译后的目标文件，目标文件中存留的除了符号表就是函数调用串，不再存在重复定义类型的逻辑。而之前的独立编译阶段，两个.cpp文件中都没有重复包含定义逻辑。

(4) 小结。

情况1是一个.cpp文件内包含了多次同一.h文件导致了编译期的重复定义错误。

情况2是一个.cpp文件内包含了有相同内容的不同.h文件导致了编译期的重复定义错误。

情况3没有错误。

解决情况1和情况2的编译错误，实际就是解决独立编译时单个.cpp文件内的预处理问题，可以借助别的预处理指令来解决。

改造后的.h文件如下：

```
//f.h
#ifndef F_H
#define F_H
void f();
typedef struct
{
```

```
    char * studentNo;
    char * name;
}Student;
#endif
```

#define 用于定义一个宏常量，如果后面不跟一个具体值，那么就表示系统分配一个唯一不重复的值。#ifndef…#endif 包括了一段逻辑，当预编译处理时会判断是否定义了一个宏常量(显然第一次解析处理该指令时未定义宏常量)，如果在编译当前.cpp 文件时第二次遇到该宏常量，就会直接跳到#endif 逻辑，从而避免一个.cpp 文件内两次包含同一个类型定义逻辑。

(5) 使用#ifndef…#endif 并内嵌#define 的局限性。

① #ifndef…#endif 依赖宏变量指示内容的唯一性导致的局限。

例如：

```
//f.h
#ifndef F_H
#define F_H
void f();
typedef struct
{
    char * name;
    char * studentNo;
} Student;
#endif

//g.h
#ifndef G_H
#define G_H
void g();
typedef struct
{
    char * name;
    char * studentNo;
} Student;
#endif

//main.cpp
#include "f.h"
#include "g.h"
void main()
{Student a;}
…//f.cpp 与 g.cpp 略
```

上述程序段中 main.cpp 与 g.h 的区别在于使用了#ifndef…#endif 和#define 控制，但在编译 main.cpp 时仍然出现重复定义错误。问题出在定义了两个不同的宏常量 F_H 和 G_H，但它们指示的是相同的类型定义逻辑(Student 类型定义)。显然，这种错误仍是不可预见和不可避免的。对一个.cpp 文件编译时程序员不可能预见到用到的一个类型定义在另一个.h 文件中已经有重名同名定义，从而发生重复包含同名定义的逻辑错误，即情况 2

错误。

要避免出现情况 2 错误，程序员必须牢记，所有的类型定义只能出现在一个.h 文件中。

② ＃define 宏常量仅在该.cpp 文件内局部唯一导致的局限性。

＃ifndef…＃endif 和＃define 的局限性还体现为，由于＃define 也是预处理指令，因此仅在单独编译.cpp 时被解读分析，在链接时没有作用。

例如：

```
//f.h
#ifndef F_H
#define F_H-
void f();
int global = 10;
#endif

//main.cpp
#include "f.h"
void main()
{f();}

//f.cpp
#include "f.h"
void f()
{ global++;}
```

独立编译 f.cpp 和 main.cpp 时都成功，即便在 main.cpp 或 f.cpp 中因各种原因间接包含了 f.h 多次，也会由于使用了＃ifndef…＃endif 和＃define 逻辑保证不会重复定义变量 global。但链接时，会出现链接错误，指示变量重复。实际上，各自的目标文件中都在符号表中登记了一个名为 global 的全局变量，于是在链接形成整体.exe 文件时，发现了同名的全局变量定义错误。

上述情形似乎与情况 3 相似，但情况 3 是类型定义(Student)在不同的.cpp 文件中被包含，独立编译各自成功链接时也未报错。

回到情况 3 问题，前述已经强调，目标文件中仅留存符号表和函数调用绑定串，变量属于符号表中登记的对象，因此链接时会发现变量重复定义。

(6) 正确使用＃ifndef…＃endif 和＃define 控制重复包含头文件的准则：

① 不要在.h 文件中定义变量，但宏变量除外。

② 要确保所有自定义.h 文件中不得有相同的类型定义。

③ 所有自定义.h 文件头都必须使用＃ifndef…＃endif 和＃define 进行控制，＃define 的宏变量应可读，一看即知是控制哪个.h 文件。

当需要在多个.cpp 文件间共享一个全局变量时，应该采取新的做法。

例如：

```
//f.h
#ifndef F_H
#define F_H-
void f();
```

```
int global = 10;
#endif

//main.cpp
#include "f.h"
void main()
{f();}

//f.cpp
extern int global;
void f()
{ global++;}
```

此处使用了变量声明和变量定义来解决多文件共享全局变量的问题，有关变量声明与定义的区别与联系，参见2.3节。

4. 实形参值传递

C++语言与C语言不同于Basic或Pascal语言，形参仅通过值传递从实参获得赋值复制，实参和形参仅是值相同的两个不同变量。有关值传递，将在4.1节集中探讨。

5. C语言的保留字(关键字)全部保留

除C语言的保留字外，C++语言还增加了面向对象特征的一些关键字，丰富了授权访问机制，增加了异常处理机制。

6. 引入了引用，但保留指针

指针让人爱恨交织。没有指针，缺乏访问内存的便利，无法动态分配内存；不正确的使用指针，容易造成悬挂指针或内存泄漏。有关指针与引用的区别与内在联系，将在第3章展开讨论。

7. 引入了名字空间，但保留头文件包含的形式

名字空间的引入，是为解决头文件同名的麻烦，正如一个目录下不允许同名文件一样，不同目录路径就允许同名文件。程序员从习惯考虑，可选择使用名字空间或使用头文件传统形式。

1.2.2 强类型检查

默认类型转换不起眼，却非常容易造成程序错误。例如，在32位机器上使用32位编译器编译运行语句：

```
cout << 234 * 456/6;                    //结果为 - 4061 而不是 17784
```

错误原因在于234与456均被识别为双字的整型，即标准字长32位整型，导致运算中间结果234×456超出整型的表示范围，溢出导致符号位为1显示为负数。

默认类型转换在不同的编译器看来解释不同，如对常量的类型的认定不同，这样导致程

序在不同编译器上结果不同，造成编译器依赖，对程序移植造成隐患。

C++语言使用强类型检查，除极少数默认类型转换(算术类型转换)外，统一要求使用明确的显式类型转换，上述应修正为：

```
cout << long(234) * 456/6 << endl
```

或

```
cout <<(long)234 * 456/6 << endl          //注意,C语言只支持这种命令
```

一般来说，在表达式运算时的默认类型转换如图 1-2 所示，无须对此加以记忆。C++语言已要求尽量避免默认类型转换，改隐式为显式的强制类型转换。

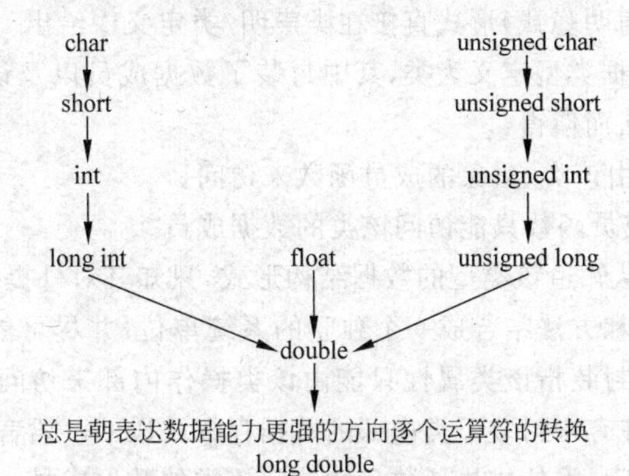

图 1-2　简单数据类型的运算转换

1.2.3　封装

```
typedef struct
{
  char * name;
  int age;
} Student;
```

上面是 C 语言中典型的结构体类型定义，定义了一个新的数据类型命名为 Student。按照“谁知道谁负责”的 GRASP 信息专家模式，可以将相关操作也封装入 Student 类：

```
class Student
{
 private:
   char * name;
   int age;
public:
   Student(char * str)
   {
     name = new char[8];
     strcpy(name,str);
     age = 0;
```

```
    }
    char * getName() { return name;}
    int getAge(){ return age; }
    ~Student(){ delete name;}
    ⋮
};
```

可以看到类具有数据成员(名词属性特征)和成员函数(动作属性特征)两类特征。对每个特征都施加一个访问控制符,因而每个特征都具有相应的特征可见性(访问属性)。上述代码定义了一个新的类型 Student,当创建该类型的变量(对象)时,会调用该对象的构造函数负责初始化一系列数据成员(name 和 age)。为节约篇幅,成员函数采用了隐式声明(声明与定义合并,相当于声明隐藏)形式直接在类声明/类定义中给出。

将一个自定义的数据类型定义为类,其中封装了数据成员以及访问这些数据成员的唯一入口——成员函数,从而使得:

(1) 数据成员只能由该类/对象的成员函数来访问。

(2) 某类/对象的成员函数只能访问该类的数据成员。

(3) 信息隐藏:无从知道该类型的数据结构形式,只知其对外提供成员函数原型。

封装把对象的属性和方法结合成一个独立的系统单位,并尽可能地隐藏对象的内部细节。严格意义上的数据封装指该类属性只能由该类操作内部来访问;反之,该类的操作只能访问该类属性,不允许有未封装于类内部的数据存在。以 C++语言为例,类的数据成员只能被该类的成员函数访问,类的成员函数只能访问该类的数据成员。因此,全局变量和友元都不符合严格的面向对象特征。

通常意义上的封装指的就是上面提到的对一个类的结构定义(类声明),它将属性与操作绑定在一起,是一种水平方向上的数据聚合组织形式。其与结构体区别的在于加上了行为特征,成为具有自知能力的主体,也就是说,一个对象可从水平方向上视为属性部分和操作部分。

面向功能的抽象即纯抽象类/接口的出现丰富了封装的内涵:一个对象还可从垂直方向上视为接口和实现两个部分。由于采用了针对抽象(接口)编程,对于用户来说,就只有接口部分是可见的,而实现部分是不可见的。

除此之外,C++语言还制定了数据的授权访问规则:private、public、protected。三者丰富了内部数据被成员函数访问的授权级别,参见 4.3 节。

1.2.4 继承

本节仅对类继承的基本代码形式进行概述,在 6.1 节将对继承展开阐述。

```
class Person
{
  char * ID;
  ⋮
};
class Student:public Person
{
  char * studentNo;
```

```
    ⋮
};
```

上面的代码示例描述了一个基类/父类 Person，它具有基本特征如身份证号码 ID；还给出了一个 Person 的派生类/子类 Student，它具有新的扩展特征学号 studentNo 等，但 Student 首先是一个 Person，Person 中有着一个 Student 的本质特征。因此，当创建一个派生类对象时，会首先去分配和初始化自基类继承来的本质特征（如身份证号码），然后分配自己新增的数据成员内存（如学号）。

自顶向下看，继承是快速衍生现实世界的快速手段，即"一生二，二生三，三生万物"，万事万物都具有最初的源头顶层基类；自底向上看，可由现实世界丰富多彩的各类具体对象中抽象出多层次的继承结构。5.4 节中将对针对抽象编程展开阐述，实质是自底向上抽象方法论的体现和运用。

1.2.5 软件复用

软件复用主要有 4 种形式。

1. 函数源代码复用

函数源代码复用直接复制 f 代码，新建一个函数，然后调用它。这需要完全的代码拥有权，缺乏代码安全性防护。

2. 函数目标代码复用

(1) 创建工程，将 f.obj 目标文件、main 所在主控文件、f.h 目标文件的头文件三者加入该工程，对 f.obj 的复用是目标代码而并非源代码复用，一定程度上提高了代码安全性。

(2) 在调用该函数处 include "f.h"。

上面两种形式都属于函数代码级复用，C 语言完全支持这种复用，并使得函数库成为复用的目标。

3. 类继承复用

1) 思考过程

(1) 明确需要使用的某功能在哪个类中有相应的成员函数已经实现（如 A 类∷f 函数）。

(2) 定义新的类来继承该 A 类，如需对 f 加入新的处理，覆盖改写 f。

例如：

```
class Person
{
 private:
   char * name;
   int age;
public:
   char * getName();
   int getAge();
```

```
    ⋮
};/*将 Person 视为父类/基类,Student 称为派生类/子类,它从父类继承得到一些特征和方法可直
接为己所用*/
class Student: public Person
{
private:
   char *sno;
   char *depName;
    ⋮
public:
    char *getDepName();
    char *getSno();
    ⋮
};
```

继承提供了复用前面定义类型的新方法,旧有的特征(数据成员、成员函数)直接原样继承下来,可以被新类的对象变量访问(仍然受限于新的访问控制属性)。

2) 具体方法

从复用方向上来看,继承复用需要开发者(派生类编写者)了解基类已提供的功能方法。归纳上面的例子,继承复用的方法是:

(1) 明确需要使用的某功能在哪个类有相应的成员函数已经实现(如 A 类::f 函数)。

(2) 定义新的 C 类来继承该 A 类,C::g 函数内封装访问 A::f。

(3) 定义 C 类的对象 c,访问 c::g。注意在该文件之前 include "A.h"和 include "C.h"。

注意,并不需要 A 类定义(源代码),只需要编译后的目标代码和 A 类声明即可复用。

有关继承,将在 6.1 节展开阐述。

1.2.6 多态

多态指具有依据传入实参不同类型而绑定调用功能不同但同名函数的能力。静态多态是预先准备不同的同名函数形式,供编译时通过类型检查匹配绑定具体函数;动态多态是指预先准备不同的同名函数形式,编译期推迟绑定,在运行时则再根据内存对象空间确定匹配绑定具体函数。

上面都提到绑定这个概念,对于函数调用,编译器需检查函数调用的形式与函数声明、定义是否相符。确定调用的具体函数称为绑定。

例如,下面的程序段:

```
//函数 f 显式声明
int f(int a);
//函数 f 被调用
void main()
{f(5);}
//函数 f 定义
int f(int a)
{
  printf("hello world\n");
  ⋮
}
```

上述 main 函数中对 f 的调用，要求调用之前要有声明，当编译发现无误时，会绑定为_f@int 的形式(绑定串的形式因编译器不同有差别)。

1. 单个源程序文件的编译链接过程

源程序(.asm/.c/.cpp)→目标程序(.obj)→可执行程序(.exe)。

(1) 编译(compile)：语法检查(函数实形参数类型匹配、变量类型、语句语法)。

(2) 链接(link)：将程序中使用到非自定义函数的函数定义从外部函数库中链入，加入到程序中形成一体(动态链接有所不同)。

2. 编译绑定分析

_f@int 的编译绑定串形式说明如下：

(1) 同名函数有意义且可行。

程序可读性很大程度上取决于变量名和函数名的起名。为提高可读性，当有许多功能类似的函数时，起个望文知义的名称很有必要。

(2) 返回值不能用于区别同名函数。

_f@int 说明，编译检查成功后会变更函数调用的形式为绑定形式，但绑定并无含有函数返回值的类型，只绑定入了函数名及形式参数类型。

(3) 编译器支持同名函数不同参数个数、类型的函数。

根据上面介绍的编译绑定的机制，编译器可以区别同名不同参数形式的多个函数形式的绑定。这种多态被称为函数重载(Function Overloading)。最理想的代码不是硬编码(hard code)，而应具有适应实参变化而随之变化的能力。C 语言支持这种重载的多态能力：当调用端使用不同的参数形式调用 f 时，对应去调用 f 的不同版本函数。

除了直接按照类型对函数调用进行静态绑定外，现实中可能还希望能具有某种动态解析对象的实际类型进行绑定的能力。

例如，下面的需求：

```
Robot *p = new WashingRobot();
p->work();
```

在上面的代码之前，省略了两个类声明/定义：首先定义了一个基类 Robot 类型，它具有一个简单的定时器功能；又定义了一个派生类 WashingRobot 类型，它具有一个按照定时启动洗衣程序的功能，类图如图 1-3 所示。

然后在上面的代码中定义了一个 Robot 类型的指针 p，它指向一个动态分配的 WashingRobot 对象，那么上面的 p－＞work()，从语义上希望启动洗衣功能而并非简单的定时计时闹钟功能。

按照对函数调用的静态绑定，p－＞work()将被识别为 Robot∷work 方法来调用，因为 p 是 Robot 类型的指针，因此编译器只会在 p 指向的类型(即在 Robot 类声明中)查找名为 work 的无参对应函数，找到则匹配绑定成功，于是在目标文件中生成_work@Robot 绑定串。

上述需求要求编译器在编译到该句函数调用时只做标识跳过(Skip)。对这种需要特殊

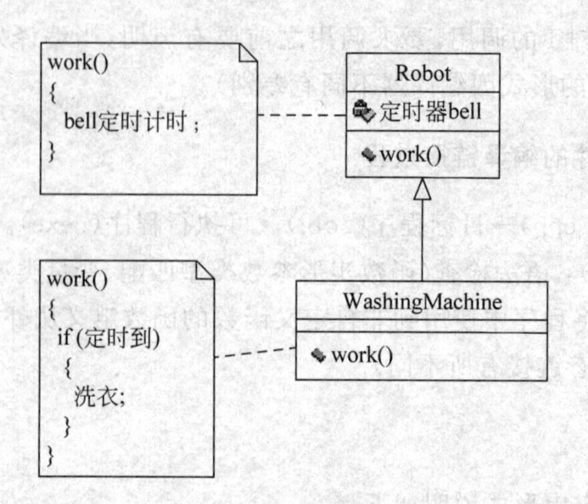

图 1-3 Robot 与 WashingRobot

动态编译的函数调用做标记表示编译未彻底完成，最终程序会被编译链接为可执行文件(.exe)。运行，当再次遇到该标记时，由于程序已经处于运行状态，运行时编译(Run Time/Just In Time)会在对象内存空间中寻找绑定合适的函数。

编译器在运行时动态检查内存来确定绑定函数的能力称为动态编译能力，C++语言具有这种能力。当使用 virtual 关键字修饰成员函数声明头部时，就表示该函数具有静态绑定推迟和运行时动态绑定的特征。这种多态性是 C++语言提供的第二类多态，即动态多态，详见第 5 章。

第2章 语言基本要素

C++语言全面兼容 C 语言，还体现在基本编程语句、基本数据类型一级运算符表达式等与 C 全面兼容。本章主要关注比较容易出错的特殊难点问题，对于一般性的语言特点不做阐述。

本章重点：

变量/函数声明；

变量/函数定义；

类声明/定义。

难点：类声明/定义。

2.1 基本编程语句

1. 定义/声明语句

变量使用“类型 变量名”形式。变量声明与变量定义也有着细微的差别，参见 3.5 节。

函数采用函数声明与函数定义分离形式，函数调用之前需要先声明，表示授权可访问函数，该部分内容见 1.2.1 节。

2. 条件语句

if…else 结构需要注意配对，if 总是与邻近的 else 配对。case 结构则需要注意 break 语句的断点作用，可用于特殊的渐进式事务处理。

假设 c 是一个整型数，举例的程序段如下：

```
switch (c)
{
  case 1: f();
  case 2: g(); break;
  default: h();
}
```

上面的逻辑，当 c 值满足条件 1 时，执行函数 f()，然后执行函数 g()；当满足条件值 2，执行函数 g()；当不满足条件 1 和条件 2 时，只执行函数 h()。这个例子说明要注意 break 的巧妙使用。一般来说，每个 case 值都对应一种处理和一条 break 断点语句，如果巧妙省去

break 断点，能实现类似事务嵌套处理的效果：即可安排先特殊后一般渐进式的逻辑处理。

假设 c 是一个字符串指针，举例如下程序段：

```
switch (c)
{
  case "软件工程专业": f();                //处理该专业事务
  case "计算机学院": g(); break;           //处理计算机学院事务
  default: h();                            //学校一般事务
}
```

当传入的 c 标识是“软件工程专业”时，首先执行 f()处理该专业事宜，然后执行 g()处理所在学院的一般事务；传入的标识是“计算机学院”时，只执行学院一般事务；都不匹配时，执行 h()处理学校一般事务，即将一般性事务按照一般性放到最后，最前面的是最小事务子集。

3. 循环语句

提供了三种循环，for、do…while、while，三者完全等价，可以互相替代，需要注意的有以下几点：

(1) 循环控制变量可在循环体内定义，那么循环结束时该变量就被销毁。

(2) 循环控制变量可在循环体内做左值赋值改变，那么当本轮执行到循环体末尾时，循环可能提前终止。

(3) do…while 循环是先执行然后在循环体尾部判断是否继续循环，因此至少执行了循环体一次，从这个意义上作为与选取另两种循环时的区别准则。

(4) for 循环更适用于循环次数较为明确的场合，因此循环变量一般是下标或计数器；while/do…while 的循环变量一般是逻辑状态变量。并非所有循环都具有初始值条件，因此 while 和 do…while 循环可看成是 for 循环的简洁形式。

4. 输入输出语句

学习 C 语言的输入输出时，经常会搞不清流入和流出的方向。现将输入输出语句归纳如下：

(1) scanf 表示将控制台输入的串按格式化串指定的类型存入到内存变量；fscanf 表示从文件读入一行按格式化串指定的类型存入到内存变量；sscanf 表示将字符串按格式化串指定的类型存入到内存变量。

(2) printf 表示按格式化串指定的类型输出对应的变量值；fprintf 表示按格式化串指定的类型将变量值写出到文件行存储；sprintf 表示按格式化串指定的类型将变量值写到字符串。

(3) 形式上比较容易理解：scanf 的形式是读入到变量存储；printf 的形式是写到控制台、文件、字符串。

5. 转移语句

break 与 continue 都可用于循环体内的中断，break 还可以用于 switch…case 结构中的返回。当用于循环体内时，break 表示结束本层循环，continue 表示开始下一轮本层循环。

goto 语句建议弃用。

2.2 运算与表达式

1. 优先级与结合性

表 2-1 给出了 C/C++的运算符优先级和结合性。在表达式中先依据优先级，再根据结合性，也就是说，在优先级相同的情况下看结合性来决定运算次序。

表 2-1 优先级与结合性

优先级	运 算 符	结合性
1	()、[]、->、.	左
2	!、~、++、--、*(取指向)、&(取地址)、(强转新类型名)、size of	右
3	*、/、%	左
4	+、-	左
5	<<、>>	左
6	<、<=、>、>=	左
7	==、!=	左
8	&(按位与)	左
9	^(按位异或)	左
10	|(按位或)	左
11	&&	左
12	||	左
13	?:	右
14	=、+=、-=、*=、/=、%=、&=、^=、|=、<<=、>>=	右
15	,(逗号表达式)	左

可将优先级与结合性进行归纳：

(1) 赋值运算符优先级很低(仅高于逗号表达式)。

(2) 指针操作运算符(自增、自减、取地址等)优先级很高(仅低于括号等)。

(3) 所有的三目运算符和单目运算符都是自右向左结合。

(4) 除了赋值运算符是自右向左结合，其他的双目运算符都是自左向右结合。

(5) 关系运算优先级很低。

下面给出一个“诡异”的例子，程序段如下：

```
if (a = 1 && b = 5)
cout <<"test! "<< endl;
```

编译器报错提示左值错误：

```
(lvalue error)!
```

根源在于赋值优先级很低，if (a=1 && b=5)等效于 if (a=(1 && b=5))，即赋值优先级低于双目的关系运算符 &&，因此先执行 1 && b=5；相同的原因，b=5 的赋值优先级低于双目的关系运算符 &&，因此等效于 if (a=((1 && b)=5))，显然 1&&b 是一个只能充当右值的数值，而不能充当左值来给它赋值 5。

上述程序段修正为如下：

```
if (a == 1 && b == 5)                    //注意是双等号,而不是赋值单等号
cout <<"test! "<< endl;
```

由于==和 && 都是关系运算符，优先级相同，因此按照自左向右结合，if (a==1 && b==5)等效于 if ((a==1) && (b==5))。

另一个关于数据类型转换的例子，程序段如下：

```
void main()
{
  int n,i; double s;
  printf("n = ?");
  scanf(" % d",&n);
  i = 1; s = 0;
  while (i <= n)
  {
    s = s + 1/i; i = i + 1;
  }
  printf("s = % lg\n",s);
}
```

该程序是一个调和级数求和，但不论输入 n 值为多少，s 始终为 1。

注意：作为循环变量的 i 是整型，那么 s=s+1/i 时，1/i 始终是 i 的类型，于是取整为 0，于是 s 只有第一次进入循环时得到 s=0+1，后面始终是 s=1+0 不变。

再来看一个赋值和判相等的问题，本来是希望判断 x 与 0 相等，结果不小心笔误写成了赋值（单等号）：

```
if (x = 0)
    cout << "test 3 ok\n" ;
```

结果该输出语句得不到执行机会，属于运行错误，极难发现。

如果约定判一变量与常量相等时，使用左边常量右边变量的形式，例如：

```
if (0 = x)
    cout << "test 3 ok\n" ;
```

那么编译器立即指示这是编译错误（Lvalue Error），常量不能作左值。

能在编译期发现错误，比遗留到运行期要好得多，由于编译器指示了明确的错误信息，提醒程序员应该将其修改为：

```
if (0 == x)
    cout << "test 3 ok\n" ;
```

2. 短路求值

1) 短路与（&&）。

对于 if (a&&b)，当 a 为 false（或 0）时，b 表达式被短路不予求值，加快了处理效率，如

可能 b 表达式是一个函数的调用，那么在 a 为假时就不必继续调用该函数求该函数返回值了。合理使用“短路与”还能避免一些错误。例如，下面的除 0 运行时溢出异常得以避免：

```
if (b && a / b > 2)
    cout << "ok\n" ;
```

编译时没有发现语法错误，但会进行代码优化，一旦 && 左端表达式为 false，则短路右端求值，避免不必要的求值。

2）短路或（‖）。

对于 if (a‖b)，当 a 为 true（或非 0 整数）时，b 表达式被短路不予求值，加快了处理效率。

与“短路与”一样，合理使用“短路或”也能避免一些错误。

总之，要想使用编译器提供的短路编译优化功能，就需要在 if 语句中将可能容易出现运行时错误的表达式，或比较影响性能较长时间处理的函数调用，放在关系表达式的右端。

2.3 声明与定义

声明与定义是容易混淆又十分接近的概念，对于变量来说更是如此。一般来说，声明可以重复出现，表达一种需要使用的授权声明；定义则是独此一份。

2.3.1 变量定义

变量定义只能有一次，是正式的存在实体，定义会导致分配内存——函数定义会在代码段分配存储；变量定义会在堆数据段/堆栈段/全局静态数据区分配存储。

变量定义获得内存块，变量名代表内存块首地址，但其初始值可能是随机值，把这种内存值成为“脏”值。就好比教师上课时，黑板被分配给教师使用，但黑板值还是残留的无意义数据——它对前一节课的教师学生而言是有意义的变量值，对新获得它的新课堂而言是无意义的脏值。

下面的程序段验证了局部变量在系统堆栈中的垃圾值：

```
int func1();
int func2();
void main()
{
  func1();
  func2();
}
int func1()
{
  int n = 1000;
  cout <<"func1 在堆栈内分配的局部变量 n 值是: "<< n
  <<",n 的内存地址是"<< &n << endl;
}
```

```
int func2()
{
  int m;
  cout <<"func2 在堆栈内分配的局部变量 m 值是:"<< m
  <<",m 的内存地址是"<< &m << endl;
}
```

当 main 调用 func1 函数结束返回时,func1 分配的 n 变量占用内存已归还,但系统堆栈未对残留内存清理,接下来 main 调用 func2,又从栈顶分配的内存就是原 n 占据的内存,n 和 m 在不同时间分配得到的是同一块系统堆栈开辟的内存块。因此 m 未初始化后得到的初始值是原 n 的残留值,称为内存垃圾值——脏值。

编译器在分配变量内存时可能已经做了清理或初始化准备,这取决于编译器做法差异。考虑到不应依赖编译器的默认变量初始值,一般在分配变量内存后都应立即对变量做再赋值抹去可能的内存"脏"值。

表 2-2 给出了在 Windows 平台上系统内存的结构。

表 2-2　Windows 平台上系统内存结构

<table>
<tr><td>其他物理内存区,不可直接访问,借助 OS 窗口映射</td><td>非常规内存区</td><td rowspan="2">高地址
↑</td></tr>
<tr><td rowspan="4">常规低端内存区(640KB)</td><td>堆区</td></tr>
<tr><td>堆栈区</td><td></td></tr>
<tr><td>全局/静态数据区</td><td rowspan="2">低地址</td></tr>
<tr><td>代码段</td></tr>
</table>

(1) 动态分配的内存在堆中由低地址向高地址方向分配(malloc/new 分配)。

(2) 全局/静态变量在全局/静态数据区由低地址向高地址方向分配。

(3) 局部变量、形参变量在堆栈中由高地址向低地址方向分配。

(4) 常量、字符串在全局/静态数据区由低地址向高地址方向分配。

另外,内存以每 8 位一个字节作为一个单元进行地址编号,当一个变量超过一字节时,是高地址放低位数据还是低地址放高位数据这是存储模式问题。大端模式(Big_Endian)指高位数据放低地址内存字节,低位数据放高地址内存字节;小端模式(Little_Endian)指低位数据放低位地址内存字节,高位数据放高位地址字节。Visual C++ 编译器语言在 Windows 平台上使用的小端模式,在 3.2.3 节可以看到一个验证存储模式的代码例子。

2.3.2 变量声明

变量定义只能一次,而且必须为人所用。一个变量如果没有函数来访问,编译器一般会给出一个警告(Warning),提示是否多余(占用了宝贵内存又无用)。

当要使用一个变量时,如同要使用一样物品一样,需要一个授权声明以表示合法。因此,形成了一条理所当然的行规:调用/访问之前要先声明。

变量的声明通常是和定义合二为一形式的隐式声明形式。

例如,下面的程序段:

```
int a = 0;                          //1
void main()
```

```
{
  a++;                                  //2
}
```

其中,//1 处是变量 a 的定义和隐式声明;//2 处是变量的访问/调用。总之,在访问 a 之前必须要先声明。

下面给出上述代码的显式声明形式:

```
extern int a;                           //1
void main()
{
  a++;                                  //2
  cout << a << endl;
}
int a = 0;                              //3
```

其中,//1 处是变量 a 的显式声明,extern 表示它的定义在别处;//2 是变量 a 的访问/调用;//3 是变量 a 的定义。

上述声明与定义显然也是可以拆分到不同文件中的:

(1) 将只能出现一次的"int a=10;"这样一个全局变量定义在 a. cpp 文件中。

(2) 将"extern int a;"变量声明定义在 a. h 中。

(3) c. cpp 文件需要访问该变量,就在 c. cpp 文件开始处加上 # include "a. h"。这样,就像本地声明了变量 a 一样,获得对 a 的访问授权。

2.3.3 函数定义

函数定义以"返回值型 函数名(参数表) {}"形式出现。大括号中是代码块,完成函数功能的处理。函数的定义会在运行时唯一装载代码段,唯一是指该代码只装载一次,因为无论它被调用多少次,代码只有也只需一份。

2.3.4 函数声明

函数声明以"返回值型 函数名(参数型表);"形式出现,返回值的类型也称为函数类型;参数型表则指各个参数类型间用","间隔的表。

例如,下面声明了一个返回值为 int 型,有三个依次为 int、double、int 型参数的 f 函数:

```
int f(int,double, int);
```

注意:函数声明的形式与函数定义的不同。

(1) 以";"作为结束,没有函数定义的{}语句块。

(2) 函数声明中的参数型表不同于函数定义中的参数表。参数型表只需要列举参数类型,而不同于函数定义要求列举每个参数变量。

函数声明的出现,有双重含义:

(1) 表明自此之后的代码对其的访问已经获得授权声明。

(2) 该函数的定义在别处(本文件中或多文件工程的其他文件中皆有可能)。

回顾在 1.2.1 节多文件工程中对函数声明与函数定义的阐述。若 a 函数在 A 文件中定义，B 文件 b 函数要访问 a 函数。由于 a 只能定义一次，就不能在 B 文件中再定义一次 a 函数，否则链接时报有 a 函数重复定义。那么，怎么使得 a 函数在一个文件中定义，又能在另一个文件中被访问？

函数声明的出现多文件工程，即分离多个 cpp 程序文件的独立编译成为可能——这样可减轻编程难度提高效率(参见 1.2.1 节)。即一个程序可由多个源程序文件组成，每个文件可独立编译，但不检查该文件内调用别的函数定义而只需要声明。

当发生调用时，当前 cpp 文件的编译只需将被调函数的声明置于调用体之前，编译器就认为调用者已经获得授权访问声明。从而忽略被调函数定义体所在的另一个 cpp 文件内容。编译器将被调用函数的声明以与该函数调用比对进行编译绑定：一次就绑定成功，生成绑定串。

此外，多文件工程使得代码的编译保护成为可能，得益于可独立编译，从而生成多个 obj 目标文件。每个 obj 目标文件可看成是编译保护的一些函数定义，它仍然可代码复用被别人调用——只需将声明放置于调用之前。

2.3.5 类声明与定义

类声明以“class 类名{}；”的形式出现，形式上和变量/函数声明一样以分号结尾，实质上是给出新类型的定义。

这种声明和变量/函数声明不同处在于其不可重复，因为一种类型的定义是不能重复出现的，否则出现重复定义。在 1.2.1 节多文件工程中已经详尽阐述了该问题的解决方法。

类声明{}块内出现的通常不是代码块，而是变量声明和函数声明的形式。

例如：

```
//Person.h
class Person
{
  char *id;
  char *name;
  public:
  char *getName();
  char *getId();
};
```

上面是标准的 Person 类声明，它可被放入一个 Person.h 文件中。Person 的定义可以放入一个 Person.cpp 文件中。

例如：

```
//Person.cpp
#include "Person.h"
char *Person::getName()
{
    return name;
}
char *Person::getId()
```

```
{
  return id;
}
```

注意：在 Person. cpp 文件头首先要有#include "Person. h"，否则编译时报错“不认识 Person!”。因为，使用之前要先声明，在访问 Person 类型之前要先声明。#include 指令在编译预处理时执行，将指定路径的文件按照文本格式打开，然后粘贴复制替换掉#include 该文件出现的行。

上面给出的 Person 的类声明与类定义是按照多文件工程 MVC 模式拆离的，但它们也可以是混杂的，就好像变量/函数的隐式声明与其定义混杂一样。

例如：

```
// Person.h
class Person
{
  char * id;
  char * name;
public:
  char * getId()
  {
    return id;
  }
  char * getName()
  {
    return name;
  }
};
```

虽然这里不鼓励，但的确将类 Person. h 隐式声明和定义合并了，整体上它是一个声明的语法，以“class 类名{};”的形式出现，不能放入 cpp 文件。甚至有可能是更加混乱的形式出现：

```
// Person.h
class Person
{
  char * id;
  char * name;
public:
  char * getId();
  char * getName()
  {
    return name;
  }
};
//Person.cpp
#include "Person.h"
char * Person::getId()
{
  return id;
}
```

上面分别出现了 cpp 文件和 h 文件，即：

(1) 成员函数 getId 的定义出现在 Person. cpp 中，声明出现在 Person. h 中。对 getId 函数而言，它是函数显式声明和函数定义分离于不同文件中。

(2) 成员函数 getName 的定义和声明都出现在 Person. h 中，对 getName 函数而言，它使用了隐式声明和定义合并放入类的声明文件中。

由此可见，区别类的声明与定义不是一件十分清晰的事情，这种困惑是由类中部分成员函数声明与定义混杂、另一部分又分离出现造成的。因此，需要把对类的声明和定义的界限划分到具体的函数。在上面的例子中，成员函数声明处，属于类声明部分；成员函数定义处，属于类定义部分。

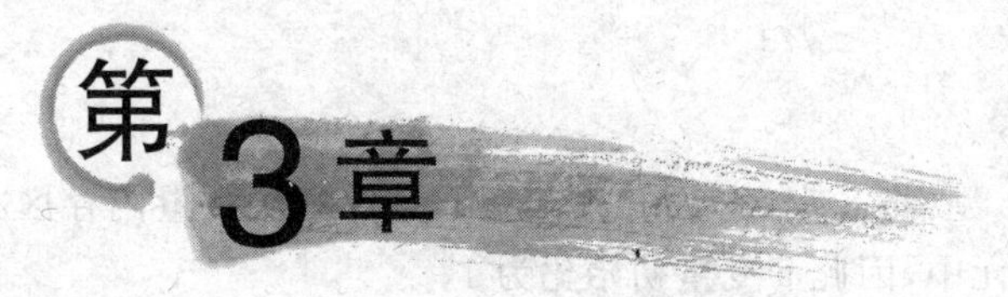

第3章 指针与引用

本章将围绕指针的二元性(型与值)展开,深刻解析值传递的实质,最后对引用和数组做了系统讲解。

本章重点:

值传递;

指针;

数组;

引用。

本章难点:数组和引用。

3.1 值传递

值传递,也称传值,指将一个变量值、常量值或表达式值复制传入到另一个变量内存单元,它是一个值复制的过程。

上面的定义中,隐含着左右值的定义:后者称为右值,前者称为左值;还隐含着另一层面的含义:左右值是各自独立的变量(右值可能为常量),操作一端并不影响另一端,它们仅是值复制后相同而已。

显然,右值可以为常量、变量或表达式(等同于常量),而左值必须为可修改值的变量。

需要明确两个问题:变量的类型是否允许值传递,以及何时发生值传递。

这里将这两个问题归纳为两个知识点展开。

3.1.1 赋值兼容性检查

变量间仅能传递其值,即一个变量的值复制到另一个内存单元(变量)。这种值间的传递(赋值)是否合法,依赖于两端变量的类型。编译器的处理过程称为赋值兼容性检查,有如下 4 种合法情况。

1. 同类型

例如,下面的程序段:

```
int a = 5;                              //1
int b = 6;                              //2
```

```
a = b;                                //3
```

对应上面的语句编号,分析如下。

(1) 编译器将常量 5 识别为 int 型,将 a 定义为 int 型变量;运行时从常量内存区将常量值赋值给变量名 a 所在的内存单元中,因此 a 变量初始化为 1。

(2) 过程类同(1),b 初始化为 6。

(3) 从符号表中找到 b 变量名和 a 变量名对应的内存地址,复制 b 内存单元的值到 a 内存单元中,即 a 内存单元的地址为修改为 b 的值,即 a==b,a 与 b 是值相等但地址不同的内存单元。

2. 相容类型的默认类型转换

例如,下面的程序段:

```
int a = 5;                            //1
float b = a;                          //2
a = b/7;                              //3
```

对应上面的语句编号,分析如下:

(1) 第 1 句赋值兼容性类型 1 的检查将 a 赋值为 5。

(2) 第 2 句代码 int 转为 float 的默认类型转换后赋值给 b。

(3) 第 3 句 b/7 的结果被默认类型转换为整型 0 后值传递给 a。

由于编译器实现的差异,很难定义哪些类型的变量间值传递会发生默认类型转换,因此,应努力避免依赖这种默认类型转换。

3. 继承树结构中上层基类祖先为左值,下层派生类子孙为右值

例如,下面的代码:

```
Base *p;
D1 *q = new D1();
p = q;
D2 *r = new D2();
p = r;
D3 *s = new D3();
p = s;
q = s;
```

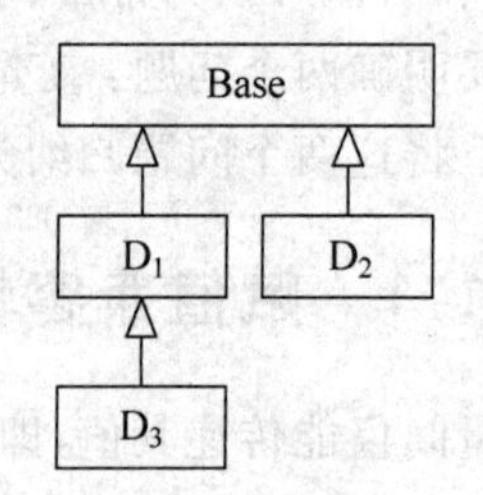

图 3-1 左侧代码的数据段内存结构

上述代码的内存结构图如图 3-1 所示,树中位于祖先层次的指针,能传值给子孙对象的地址:如 p 相对于 q,r 以及 s,q 相对于 s。

4. 通用指针为左值接收其他类型指针的右值

例如,下面的程序段:

```
void *p; int *q; float *r;
q = new int(1);
```

```
r = new float(2);
p = q;
p = r;
```

void * 指针能指向任意内存单元,但失去了类型信息,有关通用指针参见 3.3 节。

3.1.2 值传递时机

变量值传递的时机,有以下 3 种情况。

1. 赋值语句,即 a=b 左右值的形式

下面的程序段描述赋值语句

```
int a = 5;                              //1
int b = 6;                              //2
b = a;                                  //3
```

(1) 编译器将常量识别为 int 型,通过赋值兼容性检查。将常量从常量区内存单元读出,初始化 a 名字代表的内存单元。

(2) 同上述过程将 6 传值初始化入 b 名字代表的内存单元。

(3) 这里不是建立变量并初始化,而是赋值语句,从 b 名代表的内存单元传值到 a 名代表的内存单元。

2. 函数调用时的实形参值传递

下面代码描述该种情形时机:

```
void f(int x)                           //int x = a
{ … }
void main()
{  int a = 3;
   f(a); }
```

在 main 函数中调用了 f 函数,当调用发生时,实参 a 和形参 x 发生了值传递,相当于运行了 int x=a 语句。

完整过程是:当调用发生时,系统堆栈首先保存调用函数的 CPU 及内存现场,随即跳转到 f 函数;在系统堆栈中分配 x 变量内存;并利用实参 a 的值初始化 x 的值(参见 1.2.1 节)。

3. 函数内 return

下面的代码描述这种时机:

```
int f(int x)
{    ⋮
  return ++x;
}
void main()
{
  int a = f(3);
```

```
    ⋮
}
```

在 main 函数中调用了 f 函数，当调用发生时，实参 a 和形参 x 发生了值传递，如运行了 int x=3 语句。在 f 函数即将返回的 return 语句时又发生一次值传递给系统临时变量(eax 寄存器，姑且这里命名为_GlobalTemp，可视为全局变量)。

一个有返回值带参函数从调用发生到返回的完整过程是：

(1) 当调用发生时，系统堆栈首先保存调用函数的 CPU 及内存现场，随即跳转到 f 函数；在系统堆栈中分配 x 变量内存；并利用实参 a 的值初始化 x 的值。这是第 1 次值传递。

(2) 系统开始运行 f 函数体，当运行到 return 语句时发生值传递。系统会产生一个_GlobalTemp 临时变量存储 return 语句表达式的值。这是第 2 次值传递。

(3) 在 main 函数获得 f 的返回值 a=f(3)处，实际上是 a 与_GlobalTemp 间的第 3 次值传递。

上述分析过程也指出了当有参有返回值时，会发生 3 次实形参传递。如果将变量替换为多成员的结构体或类对象，那么一次值传递实际上对应着多个数据成员间的赋值。为提高系统运行效率，应考虑某些值传递是否可以优化，指针和引用的部分应用就源于此。

3.2 指针

指针是一类特殊的变量，它的值是其他内存块的首地址。由于别的变量占据的内存块是连续分配的，因此首地址的含义一方面意味着指针值；另一方面还需要指针变量指示连续多少个单元是给这个变量分配的，即指针的二元性(型与值)。

3.2.1 定义

指针，实则为存储变量地址而设计的特殊类型变量。指针变量引入的目的是为了指针值传递后修改访问指针指向的内存单元。

任何变量(包括指针类型的变量)当运行时都会分配占据连续的若干个内存单元(根据变量类型大小)，以后访问它们都通过其内存首地址来进行。因此，每个变量分配后，都会记录下它们的首地址和大小。

3.2.2 值

在既定的计算机和编译器下，任何变量的地址都是其分配后连续内存单元的首地址，若定义对应类型的指针获得该变量地址赋值，那么，由该指针出发，能够访问该变量占据的连续内存单元。也就是说：

(1) 指针变量的值是对应类型变量的首地址。

(2) 从指针变量值开始的连续若干个内存单元就是对应的变量占据的内存。

由此可知，所有指针变量都占据相同大小内存，它们的值用于存储别的内存块的首单元的地址，而地址是机器内存统一编号的，都是定长的，因此可推导出等式 sizeof(A *)=sizeof(int *)。其中，A 代表任意类型。

考察下面的程序段：

```
typedef union
{
  int data;
  char c[4];
}Word;
void main()
{
  Word d;
  d.data = 1;
  char * p = &(d.c[0]);
  int * q = &(d.data);
  Word * r = &d;
  printf("d.c[0]地址：0x%p\n",p);           //不用cout因为cout输出char*时会输出指向串
  cout <<"d.data地址："<< q <<" d地址："<< r << endl;
  cout <<"d.c[0]值："<< d.c[0]<< endl;
  cout <<"d.c[1]值："<< d.c[1]<< endl;
  cout <<"d.c[2]值："<< d.c[2]<< endl;
  cout <<"d.c[3]值："<< d.c[3]<< endl;
}
```

上面的联合体中的Word类型变量d,32位机上它占用4字节(因为int标识字长)。因为1个char占用2字节,4个char和1个int共享着这4字节。p指向d变量c[0]域地址,q指向d变量data域首地址,r指向d变量首地址。

通过这个程序验证看首地址是否是占据的内存块中最低那个内存单元地址。如果不是,那么data.c[0]域的地址就不会与data域或d的地址相同。分析运行结果,发现p、q、r地址均相同,验证了首地址就是最低内存单元占据的地址。最后,通过输出d的4个char域,进一步验证了Windows平台上该C/C++编译器是按照Little-Endian模式存储数据的,即低地址放低位数据,高地址放高位数据。

3.2.3　型与值

前面提到,指针具有二元性,型指的是指针变量的类型；值指的是指针变量的数值。已知,任意类型的指针变量宽度都是相同的,都占据相同的数据段内存空间,因为它们的值都用于存储别的连续分配内存单元的首地址。

除开值之外,指针变量还是有类型的,它的类型意味着两种含义：

1. 指针变量的类型决定了指针运算的含义

例如,下面的程序段：

```
void main()
{
  int a;
  int * p = &a;
  cout << p << p + 1 << endl;
  double b;
```

```
    double * q = &b;
    cout << q << q + 1 << endl;
}
```

从程序运行结果知，p 和 p+1 距离并非是 1，q 和 q+1 也并非是 2。这取决于 p、q 指向的类型：如果 p 指向一个整型，那么 p+1 就指向下一个整型；一个整型占据多少个字节，那么 p+1 就跨越了多少个字节。

C/C++语言中 int 是基准类型表示机器字长，因此在 32 位 CPU/编译器下，int 就是 32 位；32 位编译器表示内存按照 32 位地址线来进行编号和寻址，因此任意指针变量的值都是 32 位，也就是 sizeof(A *) = 4。通常，可推广 3.2.2 节的等式为：

```
sizeof(A * ) = sizeof(int * ) = sizeof(int)
```

2. 指针变量的类型决定了它的寻址空间

还是上面 3.2.2 节的代码例子：

```
typedef union
{
    int data;
    char c[4];
}Word;
void main()
{
    Word d;
    Word d;
    d.data = 1;
    char * p = &(d.c[0]);
    int * q = &(d.data);
    Word * r = &d;
    ⋮
}
```

p、q、r 指向的位置相同，均为变量 d 的首地址，但 p 只能访问 c[0]域，q 则被授权访问整个 data 域，r 同 q。

因此，指针的类型决定了它被授权寻址访问的范围，换句话来说，仅知道首地址，不知道这个变量是从这个首地址开始的多少个连续单元，就无法确定变量占据的内存空间，更谈不上访问该变量。

3.2.4 值传递

指针类型是变量类型中的一种，其类型变量的值是某内存区域的首地址。传递指针的目的，是要操作其指向的内存单元。

从 3.1 节值传递的定义来看，发生值传递只是一种值复制，两个变量仍然是独立的变量（或右值是常量）。当使用函数进行处理时，常需要改变传入的实参状态，此时使用普通的实形参传递无法达到期望的目的。

下面的 swap 函数仅交换了函数内局部分配的形参 a、b，外部实际需要交换的 m、n 变量的仅值传递到了 a、b，运行完后没有发生变化。pointerSwap 函数则通过值传递 m、n 的地址，然后在被调用函数内操作地址指向的内存单元实现了 m、n 值的交换。

```
void swap(int a, int b)
{
  int temp;
  temp = a;
  a = b;
}
void pointerSwap(int *a, int *b)
{
  int temp;
  temp = *a;
  *a = *b;
}
void main()
{
  int m = 1, n = 2;
  swap(m, n);
  swap(&m, &n);
}
```

无论如何，使用指针变量和普通变量的实形参传递并没有什么不同，都是值传递，区别仅在于使用指针类型形参的函数操作了指针指向的内存块，从而改变了内存块内的状态。另一种可能指针适合的应用是为了提高性能，如一个打印对象各成员值的函数 print()，代码段如下：

```
class Person
{
  char *name;
  …
public:
  char *getName()
  {
    return name;
  }
}
void print(B obj)
{
  cout <<"传入的 Person 对象的名字是: "<< obj.getName();
}
void main()
{
  B objb;
  print(objb);
}
```

print 仅需访问 B 类一个对象的方法，但由于实形参传递导致需要复制 main 传入的对象到 obj，实际上是在堆栈中新生成了一个 obj 对象，而该函数并不需要这样。假设 B 对象有许多个数据成员，那么这种复制造成的堆栈开销惊人！

考虑改为下面的形式(仅列出 main 和 print 部分):

```
void print(B * pobj)
{   pobj -> getName();   }
void main()
{   B objb; print(&objb);   }
```

虽然从 objb 对象的地址到 pobj 指针变量还是实形参传递,但这仅是一个标准字长单位的赋值,远非对象间多成员间赋值可比。

综合本节讨论,指针的作用体现在:

(1) 用于改变传入对象的状态,因此采用传对象地址,然后在函数内改变指针指向内容的方法(例如 swap 交换两个数);

(2) 用于提高效率,有时并不试图改变某对象(可用 const 修饰形参,如拷贝构造函数形参),使用指针能改善传入对象造成的大量成员间赋值。

3.3 多重指针

指针变量也是变量,分配标准字长单位的内存用于存储别的变量首地址。既然指针变量是一种类型的变量,那么它的地址就可以赋值给别的指针变量。把指向一个指针变量的指针变量称为多重指针变量。显然,这是一个递归定义,具体是几重指针变量,依实际指向而定。

例如:

```
int a;
int * p = &a;
int * * q = &p;                    //二重指针
int * * * r = &q;                  //三重指针
```

类似地,对于 void * 指针(参见 3.4 节),将无类型也认为是一种类型,那么就有:

```
int * c;
void * s = &c;
void * * t = &s;
```

显然,下面的二重指针初始化是错误的:

```
int a;
int * * q = &&a;
```

因为第一次的取地址运算(&a)已经得到一个值常量,它不是左值变量,不存在地址可取。

3.4 void * 指针

void * 指针也被称为通用指针,因其丢弃了指针的类型,反而使得它具有广泛的通用性。3.1.1 节介绍赋值兼容性检查时提到:变量作为右值时,需要的左值类型要么同类型,要么相容(默认类型转换),要么继承树结构兼容,要么使用通用指针做左值。本节将系统阐述通用指针的由来、存在的意义和作用。

3.4.1 定义

3.2.3 节描述指针是有类型的,但有一种特殊指针 void *,该类型指针变量的值仅用于标识内存单元首地址的数值,而不携带任何类型信息,也就是说,void * 类型的指针可视为无类型指针,或者说它是去掉了类型信息的指针类型。

常用的 NULL 的标准宏定义是:

```
#define NULL (void * ) 0
```

在实际运行时,NULL 并不代表其为所有内存的最起始地址 0x0000,而是数据段偏移量为 0 的起始安全位置。

3.4.2 用途

1. void * 指针的使用限制

void * 指针由于缺失了指针的二元性,有如下使用限制:

(1) 由于 void * 指针没有类型信息,因此该类型指针即使获得了初始化,由于不知其指向内存单元的连续字节数和数据拼装规则,不能访问其指向的变量。

(2) void * 作右值时必须加上类型,从而给地址加上了类型信息,如此才能赋值给其他同类型的指针变量。

2. void * 指针的应用范围

void * 类型的指针在已知不需要类型,仅需要地址值用于传递时,它是合适的选择:

(1) 它可直接作左值接受一切类型变量的地址,便于通用化编程。

(2) 它可以随意转成希望的类型指针,从而获取不同的原指向变量的内存访问方式。

由此看来,void * 被称为通用指针或无类型指针,更多的体现于其便利了通用化编程,使其能作为中间地址值用于传递。

由于缺乏类型信息,void * 指针不能寻址访问它指向的内容,也不能直接作右值用于赋值,但它可以任意加上希望的类型再赋值并任意使用。

例如:

```
int x = 1;
double y = 1.0;
void * p;
p = &y; p = &x;                  //void * 作左值可接受一切地址作右值
cout << p << endl;               //p 的值是纯数值
cout <<( * p)<< endl;            //无类型信息无法访问其指向内存
 * p = 5;                        //同上
z = p;                           //不能直接作右值
char * q = (char * )p;           //q 获得对 int x 的首地址后一个字节单元的访问授权
```

又如：

```
void swapInt(int * a, int * b)
{
  int temp;
  temp = * a;
  * a = * b;
  * b = temp;
}
int ( * pfunc)(void * a, void * b);
void main()
{
   pfunc = swapInt;
}
```

上面的程序段会发生编译错误，指示不能完成由 int * 到 void * 的转化，与前面描述的 void * 作左值可接收任意地址/指针赋值相矛盾。这种困惑其实很容易消除：因为这不属于值传递时机，没有所谓的左右值传递；不是 int * 到 void * 的实形参值传递转换，而是 swapInt 到 pfunc 的赋值，没有发生任何函数调用。

下面才是正确的函数指针初始化形式，函数指针形参类型必须与指向函数原型声明中的形参类型完全一致：

```
int swapInt2(void * a, void * b)
{
  int temp;
  temp = * (int * )(a);
  * (int * )(a) = * (int * )(b);
  * (int * )(b) = temp;
}
int ( * pfunc)(void * a, void * b);
void main()
{
  pfunc = swapInt2;
}
```

本例使用的函数指针将在 3.5 节阐述。

下面是一个有关数据组装规则的例子，以加强指针型与值的概念理解。

```
void swapInt2(void * p, void * q)
{
  cout <<"int 版本"<< endl;
  int temp;
  temp = * (int * )(p);
  * (int * )(p) = * (int * )(q);
  * (int * )(q) = temp;
}
void ( * pfunc)(void * a, void * b);
void main()
{
  float c = 3.5, d = 5.6;
```

```
    pfunc(&c,&d);
    cout<<"c = "<<c<<"d = "<<d<<endl;
}
```

令人惊奇的是,c、d也得到了正确的交换,虽然它们是float型的数,显然需要一个float版本的交换函数。

由于这里忘记了切换函数指针指向,导致swapInt2函数内的void *形参发挥了通用作用,接收了float *实参。注意,“temp = *(int *)(a);”不等同于类似temp = (int)(3.5),跟踪发现它将&c地址单元中的float值(3.5)视同int组装成另一个新的int值(1080033280),结果本例float数值比较小,没有影响符号位,temp得到这个int值没有失去任何数据位……经过“*(int *)(a) = *(int *)(b);”和“*(int *)(b) = temp;”这样的“错误”类型组装后,都没有失去数据位信息,最后“cout<<"c="<<c<<"d="<<d<<endl;”输出是按照float重新组装输出右值,得到正确交换值。

上述情形是一个特例,从一个侧面揭示数据组装规则的重要性:即便已知变量分配内存的首地址以及该变量占用的内存大小,不同的组装规则得到的数值是不同的(如float值3.5被组装成了int值1080033280)。

3.5 函数指针

函数指针有着极其特殊的地位和作用,某种程度上它代表着C语言这门中级语言向C++高级语言发展的方向。3.4.2节中举的多段例子都使用了函数指针,来实现某种程度上的应需而变。

例如,把上面两个版本交换数的函数放在一个程序中,使用函数指针来切换指向,程序段如下:

```
void swapInt(void *p,void *q)
{
    cout<<"int 版本"<<endl;
    int temp;
    temp = *(int *)(p);
    *(int *)(p) = *(int *)(q);
    *(int *)(q) = temp;
}
void swapFloat(void *p,void *q)
{
    cout<<"float 版本"<<endl;
    float temp;
    temp = *(float *)(p);
    *(float *)(p) = *(float *)(q);
    *(float *)(q) = temp;
}
void mapping(void(*pfunc)(void *,void *),void *a,void *b)
{
    pfunc(a,b);
```

```
}
void main()
{
  int a = 1,b = 2;
  mapping(swapInt,&a,&b);
  cout<<"a = "<<a<<" b = "<<b<<endl;
  float c = 3.5,d = 5.6;
  mapping(swapFloat,&c,&d);
  cout<<"c = "<<c<<" d = "<<d<<endl;
}
```

本例一方面使用 void * 指针实现了实参对形参的通用适配赋值(形参使用 void * 通用指针);另一方面使用函数指针来灵活地切换被调用的函数,其中 mapping 函数负责将传入的函数来初始化函数指针 pfunc。

在 6.1.4 节阐述开闭原则时,还将就 C 语言应需而变的特性继续展开讨论。

3.6 const 修饰符

const 用于修饰变量或函数,指示某种情况下的只读(可作右值不可作左值)。

1. 常变量

例如:

```
const int i = 10;
```

定义了一个常变量整型 i,只初始化和赋值一次,可作为常量使用。必须定义时即初始化,下面的做法是错误的:

```
const int i;                    //未初始化常变量
```

再举常变量指针的例子,程序段如下:

```
void main()
{
  int * const q;                //错误,常变量定义时就需要初始化
    ⋮
}
```

修正为:

```
void main()
{
  int a = 10,b = 11;
  int * const q = &a;
  //q = &b;                     //错误,不可改变指针值,即不可改变指向
}
```

注意:q 不可再改变指向。

2. 指向常变量的指针

例如,语句“const int * p”中 * p 是常变量,即当使用 * p 指向内存单元时,不可改变值。注意,指向常变量指针可随意改变指向内存,这与常变量指针不同。

例如,下面的程序段:

```
void main()
{
  const int *p;
  int x = 10,y = 11;
  p = &x;
  //(*p)++;                          //错误,*p不可改变
  x++;                               //正确
  p = &y;                            //换一个指向内存
  y++;                               //正确
  (*p)++;                            //错误,*p不可改变
}
```

注意:对 x 和 y 是没有限制的,因为它们不是常变量,而是当使用 p 指向它们,再使用 * p 形式访问时是常变量。

又如:

```
class Person
{
  const char *id;
public:
  Person(char *str)
  {/*
    id = new char[strlen(str)+1];
    strcpy(id,str);
   */
//上述深拷贝编译错误在于需要反复对 id 做赋值,不满足常变量只能赋值一次的条件
    id = str;                    //改为浅拷贝
  }
//注意下面返回值要用 const char* 修饰,否则 const char* ->char* 会指示是不相容赋值
  const char *getid()
  {
    return id;
  }
};
void main()
{
  Person one("422301197611180915");
  cout << one.getid()<< endl;
}
```

上面的例子说明了一旦生成了身份证号码串就不可篡改。同时,指出由 const char * —> char * 的赋值兼容性失败,但 char * —>const char * 是合法的,原因见下面的程序段:

```
char *str1 = "I am here!";
```

```
/ * ok!等同于 const char * str1 = "I am here!",因为实际上 * str1 就是 const,它指向的常量串已
经是不可更改的
 * /
const char * str2 = str1;
/ * ok!因为即使 str1 不是一个常量串,这也是使用了一个新的约束来规定不可使用 * str2 去修改
原串
 * /
char * str3 = str2;
/ * error!str2 指示它指向的是常量串,str3 却扩大权限要求能够修改原串,这显然是不允许的
 * /
```

联系类的拷贝构造函数,其中形参都使用了 const 修饰,这样一旦类中对对象做了修改(如做左值),编译器就会报错。使用 const 修饰符潜在的用处在于:提醒编译器适时提醒自己,以避免不小心失误造成的运行错误。将可能发生的运行错误尽可能转化为可能的编译错误是一种常见的代码优化方法。

3. void A::f() const {…}

例如"void A::f() const {…}"表示 A 类的 f 成员函数内不能修改当前 A 类对象的任何成员值,即视当前对象为常对象。如果函数声明与定义分离,则声明与定义都要带上 const 修饰符。

3.7 数组

数组是同数据类型的若干连续内存单元,数组单元的数量(数组的长度)必须定义时就显式定义,下面的类声明是错误的:

```
class A
{
  int n;
  int arr[n];                    //错误,n 代表数组长度,但定义数组时未能明确值
public:
  A() { n = 10; }
};
```

指向不确定长度的数据单元,可改用指针在使用时动态分配:

```
class A
{
  int n;
  int * parr;
};
```

如果需要通用数组(每个元素可以是不同的数据类型),就得考虑赋值兼容性检查怎么装入相容类型的数据,下面提供两个范例:

"void * parr1[6];"表示可载入任意类型地址。

"Base * parr2[6];"表示可载入以 Base 为分支节点的 Derivedx 对象地址,如图 3-2 所示。

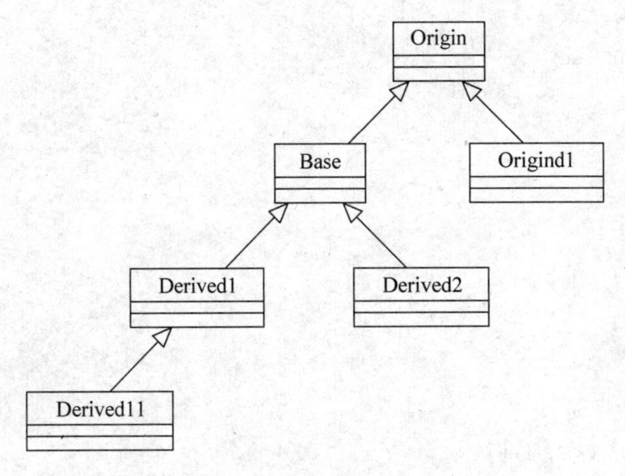

图 3-2　继承树结构

3.7.1　一维数组

数组是同类型元素的连续序列，其内元素的内存地址连续分布，用从 0 开始的下标整数来表示其顺序。一维数组在定义时使用[ ]指示数组长度。[ ]是双目运算符，等同于指针运算。例如，a[i]即 *(a+i)，[ ]优先级与单目的"*"(取指针指向)相同。此外，使用数组还需要注意一些特殊点。

1. 数组名的特殊性

数组名是一个特殊的常变量，它的值为数组内的首元素地址，可赋值给与数组元素同类型或相容类型的其他指针变量，但不能改变它的值。

例如：

```
void main()
{
  char a[] = {"I am here!"};
  //不给出数组长度，会自动按照初始化给出的字符进行计算，实际上是 a[11]
  while (a)
  {
    cout << * a;
    a++;                          //错误，a 是数组名，是常变量
  }
  cout << endl;
}
```

上面程序段的错误在于数组名是代表首元素地址，但却是一个常变量，不能改变。

2. 数组参数传递的特殊性

数组用参数传递，实际传递的是数组名，即地址传递。

例如：

```
int a[] = {1,2,3};
void f(int b[],int len)
{
  int i = 0;
  while(i<len)
  {
    cout << &b[i];
    i++;
  }
  cout << endl;
}
void main()
{
  for (int i = 0; i<3; i++)
    cout << &a[i];
  cout << endl;
  f(a,3);
}
```

可以看到，形参 b 数组并非是新的在堆栈区开辟的局部数据，b 实质就是 a，因为数组名 a 实际是一个地址值，b 就好像指针变量获得了地址一样。

上面的 f 与下面改用指针的 b 等价：

```
void f(int *b,int len)
{
  int i = 0;
  while(i<n)
  {
    cout << b;
    b++;
  }
  cout << endl;
}
```

上面将 b 改为整型指针，和使用数组形式完全内存开销相同，效果相同。

3. 数组初始化的特殊性

数组的初始化只能在定义时进行，之后再赋值改变初始值就只能采用循环遍历的方式：

1）指定维度初始化

指定维度大于初始化数据个数时，后部初始化为数组类型的默认初始值。

例如：

```
int a[4] = {1,2}                    // a[0] == 1,a[1] == 2,a[2] == a[3] == 0
```

2）不指定维度按照初始值数目决定

由后部初始化数据的长度决定数组维度。

例如：

```
int a[] = {1,2,3}                   // a[0] == 1,a[1] == 2,a[2] == 3
```

3.7.2 多维数组

多维数组顾名思义就是由多个[ ]确定维度的数组，形如 int a[2][3][4]就定义了一个整型的有三个维度的数组，其中维度从高到低依次为 2、3 和 4。

1. 定义

可以方便的给出多维数组的递归定义："若一个数组的元素是一维数组，那么该数组就是二维数组；若一个数组的元素是 n 维数组，那么该数组就是 n+1 维数组。"

由上述定义可知，一个 n 维的多维数组可以方便地看成一维数组，只不过其每个元素是 n－1 维数组而已。因此，多维数组除最低维（第 1 维）存储实际元素外，其他维度仅具逻辑和运算意义。

若 a 为 n 维数组，那么 a 数组名表示首元素 a[0]的地址，显然 a 数组的每一个元素都是 n－1 维的数组；*a（即 a[0]）是其首元素即第一个 n－1 维数组；将 b 视为 *a(a[0])，那么 *b(b[0])就是这个 n－1 维数组（a[0]）的首元素，它是第一个 n－2 维数组（b[0]）；再将 c 视为 *b(b[0])，那么 *c(b[0][0])就是这个 n－2 维数组（b[0]）的首元素，它是一个 n－3 维数组（b[0][0]）……

以 3 维数组 int a[3][4][5]为例，该 3 维数组由 3 个 4 行 5 列的二维数组元素 a[0]a[1]a[2]构成。a 表示 a[0]元素的首地址，*a 即 a[0]是一个二维数组，包含着 4*5 = 20 个整型元素排成了 4 行 5 列。**a 即 a[0][0]，***a 才是有实际的物理意义的 a[0][0][0]这个 int 元素。

2. 初始化

分析下面的程序段：

```
int a[2][3][4] = {
{{1,2,3,4},          //①
{4,5,6,7},           //②
{8,9,10,11}},        //③
{{12,13,14,15},      //④
{16,17,18,19},       //⑤
{20,21,22,23}}       //⑥
};
```

int a[2][3][4]初始化，一种理解是：①～③是 a 数组的首个元素 a[0]，它是一个 3 行 4 列二维数组，④～⑥是 a 数组的第二个元素 a[1]。

可以按照数组推导来理解：

(1) a 有两个元素，每个元素是二维数组＝{{},{}} (*1)。

(2) 每个二维数组{}由 3 个一维数组构成，即{}＝{{},{},{}}，于是(*1)变为{{{},{},{}},{{},{},{}}} (*2)，这时里面每个{}都是一个一维数组作为元素。

(3) 每个一维数组{}由 4 个元素构成，{}＝{{},{},{},{}}，替换(*2)中的{}于是得到{{{{},{},{},{}},{{},{},{},{}},{{},{},{},{}}},{{{},{},{},{}},{{},{},{},{}},{{},

{},{},{}}}}（＊3），这时（＊3）里面的每个{}已经是具体元素，将{}直接替换为具体 int。

使用常量对多维数组进行初始化时，最左边的最高维是可以省略的，但其他维定义的维度结构必须给出。

3. 多维数组参数传递

下面测试数组名作为参数传递，代码段如下：

```
void testArrayValueSpread(int b[][3][4])
{
  cout <<"该 3 维数组是 2 个二维数组元素构成."<< endl;
  cout <<"数组名 b 表示首个二维数组元素的地址,其值为: "<< b <<".";
  cout <<" * b 表示首个二维数组元素,其值为: "<< * b
  <<",它是 2 个一维数组元素构成的,因此 * b 值为首个一维数组元素的地址."<< endl;
  cout <<" * * b 表示首个一维数组元素,其值为: "<< * * b
  <<",它是 3 个 int 元素构成的,因此 * * b 值为首个 int 元素的地址."<< endl;
  cout <<" * * * b 表示首个 int 元素,其值为: "<< * * * b <<"."<< endl;
}
void main()
{
  testArrayValueSpread(a);
}
```

数组作为实参值传递时，实际传递的是数组名代表的值，即首元素的地址。一维数组名代表着实际内部首元素的地址，因此相当于传递了一维指针。

n 维数组名代表的首元素地址实际是第一个(n－1)维数组的地址，把该数组名看成是一个元素，那么该元素名又是第一个(n－2)维元素的地址……以此类推，可以得到 n 维数组名是一个由低维结构逐步复合为高维结构的 n 维指针。

3.7.3 数组指针

由 3.5.2 节分析得知，n 维数组名实际是一个 n 维指针，但在将其作为参数传递时仅传递数组名还不够，还需要告知多维的结构。在 3.7.2 节的代码段中，testArrayValueSpread 没有简单地使用 3 维指针而使用了同维结构的多维数组。下面分析两种形参形式：

1. void testArrayValueSpread(int (* b)[3][4])

它的形式与使用三维数组等价，仍然保持好了好维度结构。b 是一个指针变量，指向该数组(或者说是该数组的指针)，因此 b 可以赋值获得 &a[0]、&a[1]、&a[2]这样同维结构的二维数组的地址。(* b)是一个变量，它是一个 3 行 4 列的数组。

int (* b)[3][4]实际上定义了一个数组指针 b，它指向一个 3 行 4 列的数组，可以赋给同维结构的数组地址来明确指向，如 b ＝ a(或 &a[0]、&a[1]、&a[2])。

2. void testArrayValueSpread(int * * * b)

b 是一个三维指针，从维度上来说，将 b 用 a 来赋值初始化是相容的。因为 a 是首个二维数组的地址()，二维数组又是首个一维数组的地址，一维数组又是首个内置数据元素的地址，因此 a 是内置数据元素的"地址的地址的地址"。但 int[2][3][4]−>int *** 并不相容，后者只是在抽象层次上与前者相同，却没有行列等多维结构信息。

3.7.4 字符串常量与字符数组

在 2.3.1 节提到，常量内存分配于数据段的全局/静态数据区（也有种说法将该区域独立称为 const 区），从生命期来看具有静态的特征。

字符串常量用于对字符数组的初始化时，会自动在字符串结尾加上结束标记'\0'，因此需要保证字符数组的内存字节个数（char 为 1 字节内存）要比字符串实际长度多 1。

下面的字符数组空间没有复制字符串结束符：

```
char b[10] = {"I am here!"};     //应为 b[11]
cout << b << endl;               //当变量类型是 char * 时,cout 会直接输出它指向的字符
```

由于找不到'\0'作为 b 的元素结尾，可能要输出好多不是 b 的部分内存单元作为字符显示（数组并不越界检查）。

将上面 b 空间扩大为至少 b[11]即可。

例如，可以逐个字符输出一个保存了字符串结束'\0'字符的字符数组：

```
void main()
{
  char a[] = {"I am here!"};
  char * p = a;
  while (p)
  {
    cout << * p;
    p++;
  }
}
```

使用字符数组还是字符指针来接收字符串常量来初始化有较大差异：

(1) 字符数组是开辟了新的内存空间来存储 const 区的字符串常量，类似深拷贝，该内存区生命期取决于字符数组变量的生命期。

(2) 字符指针未开辟新空间，其指向数据段 const 区对应的字符串常量，因此内存区具有静态生命期，但由于指向的是常量，因此具有 const char * 的特点。

例如，下面的程序段：

```
char * f()
{
  //下面的字符指针指向 const 区分配的常量串,长度 23,第 24 个字符是结束符'\0'
  char * d = "string for char pointer";
  return d;                          //d 是局部变量会销毁,但指向的内存依然存在
}
char * g()
{
  //下面的 b 字符数组在局部堆栈空间开辟内存
  char b[] = "string to initialize local char []";
  int i = 0;
```

```
    while(b[i])
    {
      cout << b[i++];
    }
    cout << endl;
    return b;                                          //错误,注意会销毁局部 b 数据空间
  }
  void main()
  {
    char * c = f();
    cout << * (c + 23)<< endl;                         //测试表明第 23 个字符是上面 f 传回的 d 指向的'\0'
    while ( * c)
      cout << * c++;
    //正确显示 d 指向的字符串,或 cout << c
    cout << endl;
    char * e = g();
    cout << * e << * (e + 1)<< * (e + 2)<< * (e + 3);
    //虽然 e 指向的内存区是堆栈已释放的局部数组的内存区,但可能拿到"脏"值
    cout << endl;
    cout << * e;                                       //缓冲清了一下,内存有变化,"脏"可能就没有了
  }
```

分析上面的程序,f 和 g 函数分别使用了“浅拷贝”和“深拷贝”来处理字符串。f 仅将局部指针指向了 const 区分配的常量字符串;g 使用局部字符数组开辟空间来存储拷贝存储 const 区分配的常量字符串。结果程序以“深拷贝”进行处理时出错。问题还是出在变量的生命期上。如果拷贝存储到的是全局字符数组或静态数组,只要不是局部数组,都不会出现这种错误。

3.7.5 越界检查

3.5.1 节给出的数组定义表明它是一组同类型的连续元素序列,并定义了[ ]运算符。但不负责越界访问。例如,int a[5],即元素范围从 a[0]—a[4],但访问 a[5]并不会报错。因此需要程序员判断是否超过数组界限。

例如:

```
int a[3] = {1,2,3};
int searchBySeq(int b[], int n, int x)
{ int i = 0;
  while (i < n)
  {  if (b[i] == x)
        return i;
    i++;
  }
}
void main()
{ int x = 6;
  cout << x <<"在数组中的下标是"<< searchBySeq(a,3,x);
}
```

分析上述程序段,在最坏情况下需要遍历所有数组元素,每次先判断下标是否越界,再判定是否找到相等元素。也就是说,在该情形下,每次循环需要进行两次比较,这是一个比

较费时的操作,可以进行优化。

改进如下:

```
int a[3] = {1,2,3};
int searchBySeq(int b[],int n,int x)
{
  int i = 0; b[n] = x;
  while (1)
  {
    if (b[i] == x)
      return i;
    i++;
  }
}
void main()
{
  int x = 6;
  cout << x <<"在数组中的下标是"<< searchBySeq(a,3,x);
}
```

分析:例子中借用了a[3]这个额外的空间来做监视哨,这样while循环中减少了一次比较,效率提升一倍。

使用监视哨变量应注意:

(1) 监视哨一般习惯用后移数组元素然后利用a[0]元素,或扩充数组利用a[n]。

(2) 使用监视哨需要预置其满足循环的结束条件。

数据结构排序算法里常见各种监视哨应用,典型的如直接插入排序和shell排序,都可以利用监视哨改进算法效率。

3.8 引用

使用指针能随意访问内存空间,如下面的p只能访问a内存,但却没有检查机制,例如,对*(p+n)作右值就是非法读取了未授权的内存空间;将*(p+n)作左值则有未知的更大风险。

```
int a = 5;
int *p = &a;
*(p+1) = //?
```

引入引用是希望利用指针的优点,又避免访问非授权的内存范围。为此,可以采用改名机制,将一个变量赋予多个名字,每个名字都不可能访问除了自己以外的内存空间。

(1) 当将该变量别名用于实形参传递时,就达到了和指针传递相似的效果。

(2) 由于该变量名是别名,仅代表该变量,就不可能去访问别的内存单元。

3.8.1 定义

引用变量实际不占有数据段内存空间,仅在符号表中登记了对应的别名。下面打印的两个地址完全一致,表明引用就是同一个变量的不同名字而已。

```
int a = 5;
int *p = &a;
cout << &a << &&p;
```

引用关联的变量，必须是要能充当左值的变量，这是由引用这种特殊类型变量的用途决定的：

1. 用于函数形参

3.1 节阐述值传递时提到，左右值是两个完全独立的变量（右值可以是常量），这里无法通过改变一端试图影响另一端（常量不可改变除外），但函数处理常需要改变某些外部变量的状态或值。除了可直接操作外部的全局/静态变量外，函数还可以通过传入某些变量地址、在函数内操作地址指向的内存（地址指向的内存作左值）达到目的。为实现该目的，在引入引用之前，使用指针类型的变量作形参，使用外部变量的地址值作实参。或可认为，引入指针类型的主要目的，就是为了实现在函数内部改变外部变量的值。

类似指针变量引入的目的，引入引用也是为了修改引用关联的变量，它实际仅新增一个标准字长的指针变量大小来指向关联的变量，仅为换名关联，建立了新的别名而已。因为引用是为了改变关联变量的值，因此它必须关联一个能作左值的变量或表达式（常变量不能作左值，某些表达式实际是左值变量表达式，如 i++，还有赋值表达式等）。

2. 用于函数形参或返回值

以有返回值和形参的一次函数调用来看，引用传递与值传递相比：

(1) 引用实为换名操作，引用作形参实际是对外部实参变量的别名，因此无传递耗费（实际仅一个指针变量值，即标准字长单位的一个地址值传递）。

(2) 当函数返回引用类型时，返回的是 return 后变量的别名，而不同于值返回时是将 return 后变量作右值传递到左端的系统临时变量。因此无传递耗费（实际仅一个指针变量值，即标准字长单位的一个地址值传递）。

使用引用用于形参和返回值类型，由于没有 3 次值传递的无谓时间耗费，效率显著提升。

引用即变量别名，因此声明引用变量（该类型变量实际内部是定义分配了一个指向关联变量的指针变量），必须立即关联一个变量。

例如：

```
int a = 5,b = 6,c[5];
int & p = a;                          //p 就是 a
int &p;                               //错误,没有关联实际变量
int & p = b;                          //错误,一旦关联,不可更换别名关联
int &q = p;                           //p,q 其实都是 a,引用的引用实际上还是变量本身
int &r = a;                           //错误,数组名是不能作左值的常变量,不能引用关联
```

一般地，在“sizeof(A&) != sizeof(int *)”中，前者计算的是 A 类型变量的内存单元长度，而后者计算的是标准机器字长，但这只是 sizeof 运算符表面的现象，实际上引用和指针一样都是弱类型。前者是对后者的一种包装，以避免直接使用地址访问其他内存空间。下

面的程序段清楚可以看到,指针和引用是一样的。

```
typedef struct {
    double &r;
}T;
cout << sizeof(T) << endl;
cout << sizeof(r)<< endl;
```

在32位字长的机器上使用32位的C/C++语言编译器编译时,尽管第2个cout输出的sizeof(r)是8,但第1个cout输出的sizeof(T)是4。后者与标准字长sizeof(int)相同,由此证明r就是指针。

3.8.2 引用传递

引用传递时机仍然包含变量初始化、实形参传递以及函数返回三种情形。

1. 引用变量初始化

尽管引用变量实际并不是定义新变量(仅为新名字声明),出于习惯还是把建立引用变量关联称为引用变量初始化。此部分在上节最后已经以程序段形式给出了说明。

2. 实形参引用传递

下面给出交换两个整型数的三段程序段。

程序段1:无效的交换。

```
void swap(int a,int b)
{
  int temp;
  temp = a;
  a = b;
  b = temp;
}
void main()
{
  int m = 1,
  n = 2;
  swap(m,n);
}
//只交换了内部的形参变量值,对外部无改变
```

程序段2:使用指针接收待交换变量的地址。

```
void pointerSwap(int *a,int *b)
{
  int temp;
  temp = *a;
  *a = *b;
  *b = temp;
}
```

```
void main()
{
  int m = 1,n = 2;
  swap(&m,&n);
}
```

程序段 3：使用引用建立外部变量的别名。

```
void refSwap(int& a,int& b)
{
  int temp;
  temp = a;
  a = b;
  b = temp;
}
void main()
{
  int m = 1,n = 2;
  swap(m,n);
}
```

分析：

(1) 程序段 2 和程序段 3 完成了交换外部变量值的任务。对于程序段 2,指针变量值传递后,可修改访问其指向的内存单元；对于程序段 3,引用传递实为换名操作,因此是直接交换实参变量。

(2) 程序段 1 和程序段 3 的 main 函数部分完全相同,这种实参方式对调用者来说,可读性理解性更好。对于程序段 1,普通的变量值传递无法正确交换实参变量的值。

3. 引用返回

引用返回指函数的返回值是引用类型。由 3.1 节讲述的值传递可知,函数的返回实质上是将 return 后的表达式或变量或常量值传递给系统临时变量。函数的返回值若为引用类型,表明 return 后的表达式(必须是能作左值的表达式)或变量(不能是常变量)将作为引用关联的变量或表达式。

由于返回的是 return 后的变量(表达式)的换名变量,要特别小心 return 后变量(表达式)的生命期。一般来说,如果引用返回关联的是函数内的一个局部变量,都要注意生命期问题。有时返回引用关联的是被调函数内的局部变量也是允许的,因为函数表达式的值可能就在一个表达式中作为临时结果继续参与运算,因此对于返回局部引用的情形,需要具体情况具体分析。在 7.2 节讲述运算符重载时,将会看到局部引用的例子。

下面以一个相对全面的例子对引用返回作出阐述,相关分析都含在代码附近的注释中,程序段如下：

```
double tmp = 0;
double func1(double r)
{
  tmp = r * r;
  return tmp;
```

```
}
double func2(double r)
{
  double temp = r * r;
  return temp;
}
double& func3(double r)
{
  tmp = r * r;
  //return r * r;                    //错误,因为 r * r 不能作引用关联的表达式
  return tmp;
}
double& func4(double r)
{
  double temp = r * r;
  //cout <<"temp 在堆栈中的内存地址是 "<< &temp << endl;
  return temp;
}
double& func5(double * p)
{
   * p = ( * p) * ( * p);
  return * p;
}
void freeHeapVar(double * r)
{
  delete r;
}
void main()
{
    //3 次值传递,不过函数内使用的是全局变量 tmp
    double a = func1(5.0);
    //错误,b 引用关联的是系统临时变量(该临时变量值复制了全局变量 tmp 的值)
    double &b = func1(5.0);
    //错误,c 引用关联的是系统临时变量(该临时变量值复制了局部变量 temp 的值)
    double &c = func2(5.0);
    //d 值复制了 tmp 变量,引用返回关联的是 tmp 全局变量
    double d = func3(5.0);
    //返回值引用关联的是全局变量 tmp,可直接改变 tmp 的值
    func3(5.0) = 10;
    //错误,e 值复制了已经被回收的局部变量 temp
    double e = func4(5.0);
    //错误,f 关联了局部变量 temp
    double &f = func4(5.0);
    //g 引用关联了全局变量 tmp
    double &g = func3(5.0);
    double * pointer = new double(5.0);
    //h 引用关联了是堆中 new 的对象
    double &h = func5(pointer);
    freeHeapVar(pointer);
}
```

使用引用类型作为函数返回值时(引用返回),需要注意:

(1) 不能关联常量或一般的表达式,常量或一般表达式不能当左值。

(2) 不能关联一个与函数生命期相当的局部变量。这些局部变量在 return 后内存已回收,返回值关联这些变量后,在外部等于是继续操作未分配内存(拿到也是“脏”值)。所以,应关联一个生命期更长的变量,如堆中动态分配的变量、全局/静态变量等。

(3) 返回值可以直接当左值。返回值就是 return 后面的左值变量(或表达式),对它赋值就是改变变量的值。

3.8.3 引用的意义

引用解决了指针随意访问内存带来的潜在风险,提高了程序健壮性。

引用简化了客户端使用服务。淡化了地址的概念,调用方(客户端)只需传入实际变量,在函数方(服务端)设计好引用类型的形参即可。

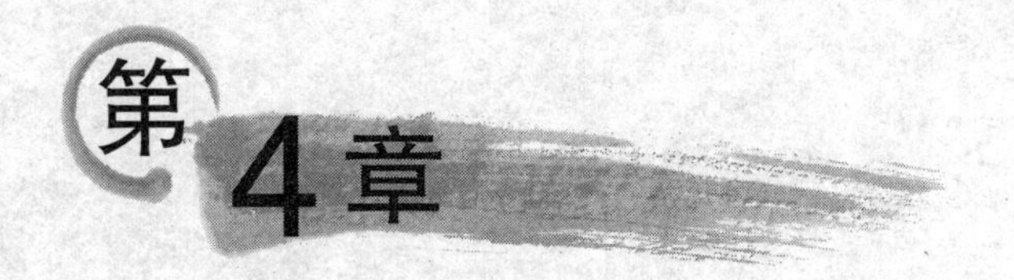

第4章 类与对象

本章是本书最核心的章节，将系统介绍类的细节知识点。首先，从结构体与类的联系入手，引入类封装，并结合类分析建模阐述类的由来；在明确了数据封装成类后，将对类的数据成员和成员函数、构造函数、析构函数分别展开阐述，并按照四级授权访问层次介绍访问控制符。

本章重点：访问控制符、类的分析识别过程、类的初始化与构造、析构。

难点：初始化与构造、析构。

4.1 类与结构体

类是一类相近对象的总称或抽象，对象是该类事物的一个实例。两者是抽象与具体、共性与个性的关系。一个结构体类型定义如下：

```
typedef struct
{
  char * name;
  char * studentNo;
}Student;
```

这里 Student 就是新定义的一个类型。

采用类的形式定义如下：

```
class Student
{
  char * name;
  char * studentNo;
public:
  char * getname();
  char * getStudentNo();
};
```

类是一种变量类型，而对象是该类型的一个变量。一旦定义一个类，就定义了一个自定义的新类型，称给出一个类声明或类型定义。可以看出，类使用 class 标识，结构体使用 struct 标识。前者是后者的“升级版”，还增加了函数成员，并赋予了访问控制符不同层次的访问授权。

基于编程习惯的考虑，C++语言保留了 struct 关键字，也可以用 struct 来定义一个类。

例如，下面的类声明也是合法的：

```
struct Student
{
private:
  char * name;
  char * studentNo;
public:
  char * getname();
  char * getStudentNo();
};
```

不同的是，使用 class 定义类中默认（默认访问控制符时）访问控制符是私有，而使用 struct 定义类的默认访问控制符是公有的。

C++语言允许使用内部类，所谓内部类指该类仅对外部包围它的类可见。例如，下面的程序段：

```
class Stack
{
  class Node
  {
    int data;
    Node * next;
  } * top;
  public:
    void push(int);
    int pop();
};
⋮
```

上述程序段定义了一个整型栈 Stack，它由一个指向内部类型 Node 的 top 指针用来指示栈顶，Node 类对外部均不可用，以提高安全性。对 Stack 类而言，可通过 top. data 和 top. next 来访问 Node 等封装逻辑。

4.2 类的分析识别过程

本节将回答“类从何处来”这个问题，并引入编者们提出的 CRC 过程方法用于指导类的分析识别过程。

需要明确，使用 OOP 编码是发生在系统分析、设计之后的行为，因此类的源头是系统分析之后得到的业务类(Business Object)。在系统需求提出来后，需要进行分析和设计，在分别得出分析模型、设计模型后，再使用 OOP 语言将设计模型实现为软件系统。软件系统是对现实世界需求的模拟和现实世界问题的解决，分析模型以及设计模型在多大程度上忠实于现实世界，决定了 OOP 语言开发出的软件系统的质量。很多程序员虽然在使用 OOP 语言，但是却在编码着非 OO 的代码，最终导致系统性能降低或失败，这个现象在 Java 语言尤其显得突出，难怪有些人就把问题归结于 Java 语言本身，实际上是在回避自身的问题和弱点。

那么,这些人的问题和弱点体现在哪里呢?从上面软件生产过程来看,每个阶段都对前面有所依赖,在编程阶段出问题,追根溯源,问题无疑出在分析和设计阶段,分析设计作为一个软件产生的龙头,有着映射实际需求世界到计算机世界这样一个复制任务,如何做到复制不走样,是衡量映射方法好坏与否的主要判断标准。

目前,将需求从客观现实世界映射到计算机软件世界主要有两种方式:传统数据库分析设计和面向对象建模,当前软件主要潮流无疑是面向对象占据主流,虽然它可能不是唯一最好最简单的解决方案,但是它是最普通,也是最恰当的方案。

也就是说,在分析设计阶段,采取围绕什么为核心(是对象还是数据表为核心)的分析方法决定了后面编码阶段的编程特点,如果以数据表为核心进行分析设计,也就是根据需求首先得到数据表名和字段,然后设计数据库,程序员编码以 SQL 操作这些数据表为目标,那么程序员为实现数据表的前后顺序操作,将必然会将代码写成过程式的风格。从效能上看,面向数据为中心得到的系统在逆向分析数据时可读可理解好,执行效率也高(因面向数据库存储和操作),但其用户分析模型可读性差。

比面向数据为中心稍好的思想是以面向功能为中心,即以功能分解为轴线,过程化程序设计实现逐个子功能,每个子功能在设计时成为系统的一个组件。显然,功能分解和切割造成大量的组件间耦合,虽然从分析模型来看可读性高,但系统效能不好,低耦合方面做得也不好。这种方法实质上是过早地进行了子系统功能分割,而忽略了类对象本身的分析。

相反,如果分析设计首先根据需求得出对象模型(Class Model),那么程序员使用对象语言,再加上框架辅助,就很顺理成章走上 OO 编程风格。与现实世界天然映射、可理解性、扩展性和维护性好,开发越深入、开发速度越快无疑是 OO 系统主要优点。

1. CRC 过程

由上面的阐述得知,识别业务对象类的起点是系统的业务描述,这里引入 CRC 过程法对业务描述使用 CRC 过程作词法分析:将名词识别为系统的业务对象类候选集(可能需要淘汰和降级部分名词),动作识别为操作候选集,以此完成类主体(Class)、操作部署(Responsibility),以及类间关系(Collaboration)三个部分识别,得到分析类图(也称为初步类图)。

CRC 过程不同于传统软件工程结构化方法中常说的 CRC(Class Responsibility Cards),后者是一种简明标记实体的便笺方法。CRC 过程有着规范的自动处理程序,实际是三个子过程:Class 过程对业务描述进行词法分析,获得名词集合(类的候选集)和操作集合,然后逐个筛选(淘汰与降级),留下的是类集合,操作集合留给下一子过程使用;Responsibility 过程完成操作部署,需要逐个对操作集合中的元素进行部署,将每个动作职责分配到核实的业务对象类;Collaboration 过程负责完成类间关系的识别,判断类集合中的各类对象间的关系。下面对这三个子过程进行展开。

1) Class 过程

业务描述是开发者熟悉的母体语言,因此进行词法分析非常简单而且不容易产生歧义,很容易将其分割为两个集合:名词集合和动词短语集合。前者可称为类的候选集,后者称为操作集。注意对类的候选集还要做剔除的动作以形成真正的类集合。剔除分淘汰和降级两种情况：淘汰是说这个名词无意义，从类候选集中直接去掉；降级则表明该名词有存在的意义，但不能成为该集合的元素，应成为另一个名词的属性存在。

淘汰规则如下：

(1) 参与者。

依据参与者定义，它是处于系统边界以外的使用该系统的人或其他系统，因此，它一定是系统以外的名词，不是系统内部的业务对象。

(2) 不同名称的同一实体。

例如，表单和表格、记录与元素等，经过反复确认的业务描述出现此问题概率不大，数据库设计时要定义数据字典，避免出现别名。

(3) 界面元素、运行环境。

系统分析阶段不涉及任何技术方案等的实现相关的内容，也就是说，任何一个软件系统在设计阶段开始之前，是与实现框架、界面样式、数据库系统类型、系统运行平台(都属于非功能性需求)等都无关的。分析阶段只关注系统功能，即功能性需求。

为达成需求规约这样一份法律合同，开发方还必须提供一个静态原型供用户方便沟通。静态原型与需求规约究竟谁应先定义成型这个很难弄清。一方面，开发方需要静态原型和用户进行沟通，同时不断地调整和深入对需求的理解；另一方面，开发企业内部，需要将需求规约分发给开发成员，要求尽快拿出各自负责的需求部分的静态原型，然后合并后再次提交给用户评审。笔者理解，这里的静态原型和需求规约一样，同样是一个反复迭代的建立过程。由于静态原型的存在，业务描述中的有关界面元素都应剔除出类集，因为界面设计已有静态原型作为合同附件定义好，无须继续分析。

降级这个说法来源于数据库概念设计，在绘制 E-R 后，发现有部分实体可以成为依赖实体(只有少量属性且不能单独存在)，于是可弱化为另一个主实体的若干属性存在。类实体还有一个操作属性，因此，还可从该名词是否有动作属性这个角度来衡量是否需要弱化降级其为另一个实体的某些属性。

经过淘汰和降级后，得到的类集已经是系统业务对象的集合。

2) Responsibility 过程

在使用 Class 过程得到的类集合后，需要对这些业务对象类的操作属性加以补充。Responsibility 过程逐个判断操作集合元素，依据朴素的数据封装原则进行动作的部署。严格意义上的 OO 数据封装应该是“类的数据成员只能被该类的成员函数访问，类的成员函数只能访问该类的数据成员”。通过判断每个操作的对象名词，就能方便地将操作放入到该名词成为的类实体中充当操作属性。在类分析阶段，只需要发现主要的属性就可以了，细节性的所有属性发掘是由设计阶段完成的。

3) Collaboration 过程

经过 Class 过程和 Responsibility 过程后，系统的业务对象类已然识别出来，但类间的关系尚不明朗，不能展现对象间整体的联系。现实世界的对象间如果有关系，就一定属于 4 种关系之一(参见第 6 章)，使用语义特征简单判定即可完成类间关系表达。在类分析阶段，只要发现主要的类间关系就可以了，细节性的所有类间关系表达是由设计阶段完成的。

经过 CRC 过程后，得到了初步的业务对象类(实体类)，就完成了系统的分析模型，得到了至关重要的分析类图。

2. 类识别实例

下面给出一个类识别的实例，其业务描述如下。

某学校的学生课程选课系统主要包括如下功能：

- 管理员输入用户名/密码登录进入系统管理界面，建立本学期要开设的各种课程，将课程信息保存在数据库中，并对课程进行浏览、查询、修改和删除；
- 学生通过客户机浏览器根据学号和密码进入选课界面，学生可对课程进行浏览、查询课程、查询已选课程记录、增加选课记录、修改选课记录和删除选课记录。这些数据也保存在数据库中。

业务类对象识别的 CRC 过程如下。

1) Class 识别过程

Class 识别过程是一个词法分析过程，对照业务描述，将名词短语构成类侯选集{管理员，学生，用户名，学号，密码，系统，客户机，浏览器，界面，课程，选课记录，数据，数据库}，将动词短语构成操作候选集{登录，浏览课程，查询课程信息，增加课程，修改课程信息，删除课程信息，增加选课记录，修改选课记录，删除选课记录，查询选课记录，保存}。

(1) 淘汰。

- 学生/管理员：根据用例图中参与者的识别，学生/管理员都是外部用户，即参与者，淘汰。但登录系统需要输入学号/密码和用户名/密码，也就是这些是系统需要记录的有意义信息，即分别属于学生和系统的有意义信息。所以，学生/管理员再加入集合。
- 系统：当描述一个系统具有哪些内部业务对象时，又出现了自身。显然应该淘汰，这就好比问"你是谁?"，回答"我是我"。
- 客户机、浏览器：属于运行环境，淘汰。
- 界面：界面元素。
- 数据：是课程、选课记录等前面所有信息的统称，淘汰。
- 数据库：是数据存储的物理载体和外部系统，淘汰。

(2) 降级。

- 课程信息：明显属于课程的名词属性。
- 学号、用户名、密码：明显属于学生和管理员的属性。

经过淘汰和降级处理，得到类的候选集合{学生，管理员，课程，选课记录}。得到第一张分析类图，如图 4-1 所示。

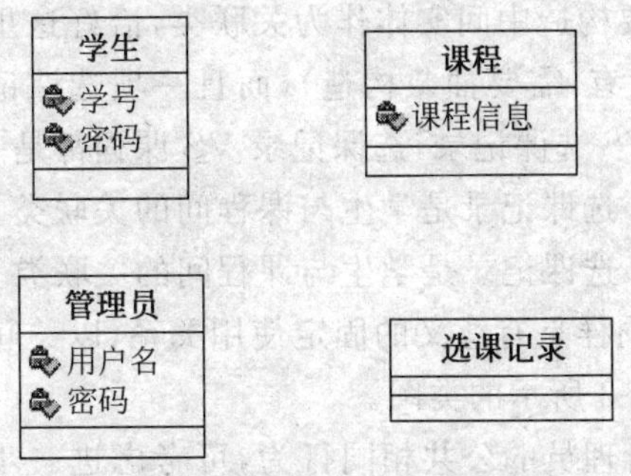

图 4-1 学生课程选课分析类图

2）Responsibility 识别过程

Responsibility 识别过程是一个行为职责识别与部署的过程，Class 过程中词法分析中得到操作候选集为{1 登录，2 浏览课程，3 查询课程信息，4 增加课程，5 修改课程信息，6 删除课程信息，7 增加选课记录，8 修改选课记录，9 删除选课记录，10 查询选课记录，11 保存}。

为方便逐个分析，将每个元素做了数字标号：

- 1：要操作使用用户名/密码，它们是学生和管理员的属性成员，即"谁知道谁负责"这个行为。学生/管理员知道用户名/密码，所以，这个行为由学生/管理员负责，封装到学生和管理员业务对象中。
- 2、3、4、5、6：要操作的课程信息是课程的属性成员，该行为部署到课程类。
- 7、8、9、10：要操作的是选课记录，该行为部署到选课记录类。
- 11：任何增删改都会存储更新到数据库中对应记录，此操作短语是它们的统称，淘汰。

得到补充了操作进一步完善的分析类图，如图 4-2 所示。

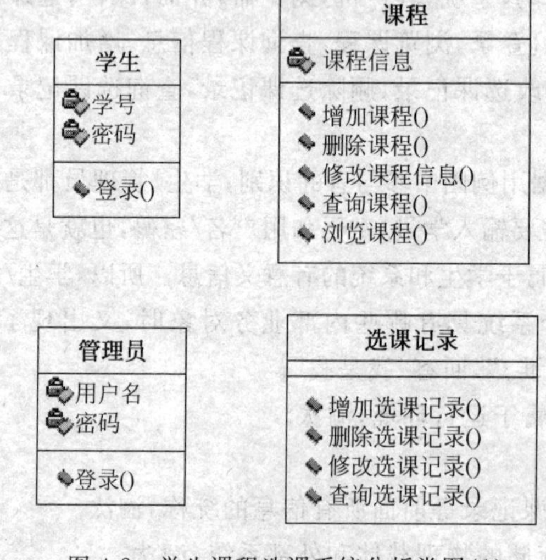

图 4-2 学生课程选课系统分析类图(1)

3）Collaboration 类间关系识别过程

- 学生 VS 课程：很明显它们不是聚合关系，更不是继承关系，但是有使用关系，需要记录和存储这样的课程信息，因此是关联关系。继续观察多重性发现需要构造关联类：一个学生可选修多门课程，一门课程可被多名学生选修，因此是多对多关系，4.2.7 节中提到需要构造中间实体作为关联类，恰好这里已经发掘出选课记录这一个中间实体(如果没有，需要抽象构造)，而且一项选课记录只能对应一门课程和一个学生，因此学生 VS 选课记录，选课记录 VS 课程都是一对多关系。
- 学生 VS 选课记录：选课记录是学生与课程间的关联类。
- 选课记录 VS 课程：选课记录是学生与课程间的关联类。
- 管理员——课程：同样是有意义的固定使用关系，以关联表达，具有一对多关系。

由此进一步得到如图 4-3 所示的类图。

考虑到登录是学生和管理员的公共相同行为，可考虑进一步调整学生课程选课系统的类图如图 4-4 所示。

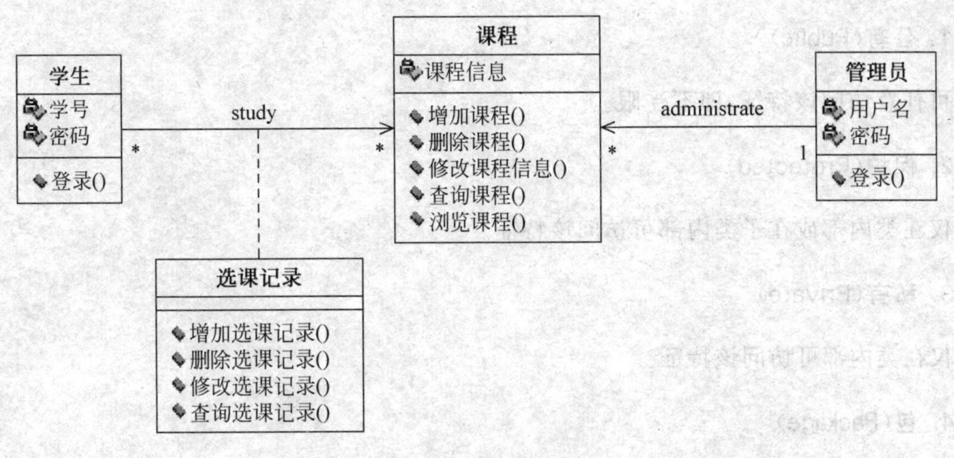

图 4-3　学生课程选课系统分析类图(2)

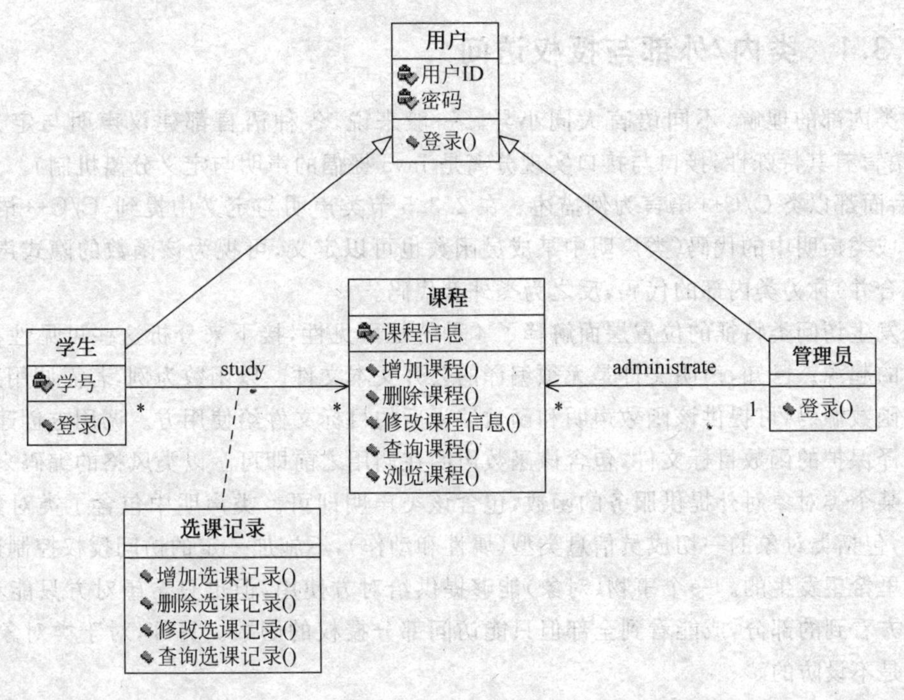

图 4-4　学生课程选课系统分析类图(3)

4.3　访问控制符

在对目标现实世界分析抽象出类后，最终将在 OOP 阶段形成代码层面上的 Class，此时还要为类的特征加上可见性，即施加访问控制符给予不同的授权访问层次。

特征可见性也称访问属性，施加不同的访问控制符对应获得不同的访问属性。在语义上可简单定义 4 种不同访问属性/特性可见性，它定义了授权访问的细节，共有 4 种特征可见性/访问控制符。

1. 公有(Public)

可任意访问该特征,即不受限。

2. 保护(Protected)

仅在类内部或在子类内部可访问该特征。

3. 私有(Private)

仅在类内部可访问该特征。

4. 包(Package)

仅在类内部、或在同一个包内的任意处、或在该类的子类内部可访问该特征。

4.3.1 类内/外部与授权访问

对类内部的理解,不同语言大同小异。一般来说,各种语言都建议声明与定义分离(Java 语言有其特殊性,接口与接口实现分离是 Java 提倡的声明与定义分离机制)。为方便描述,后面都以类 C/C++语言为例描述。在 2.3.5 节类声明与定义中提到,C/C++语言中,类定义或类声明中的代码(类声明中某成员函数也可以定义,可视为该函数的隐式声明,即与定义合并)称为类内部的代码,反之为类外部代码。

在发生访问类特征的位置层面解释了 4 种特征可见性,接下来分析这些可见性在现实世界中的起源。已知,声明文件是无须编译的公开文本文件。以函数为例,若需调用某函数并保护函数源码,可提供该函数声明和函数编译后的目标文件给使用方。调用方创建工程,加入编译保护的函数目标文件,包含该函数声明在调用之前即可。以类风格的编码来说,若需调用某个类对象对外提供服务的函数,包含该类声明即可。类声明中包含了类对象的结构信息,包括类对象的一切成员信息类型(属性和动作),不施加一定的访问授权控制这显然不是这里希望发生的。一个事物(对象)能够提供给对方使用,但也只希望对方只能看到愿意给对方看到的部分,或能看到全部但只能访问部分授权的函数。另外,对于类对象自身,其内部是不设防的。

于是得到简单的二元结构授权访问模型,即分公有和私有两种授权。公有特征,不设限制,在调用之前包含了该类声明后就可以直接访问公有的特征;私有特征,不能在类外部(类声明并类定义以外)访问。

例如:

```
//x.h
class X
{
    public: int a,int b;
    int getc(){return c;};          //类声明内部,这里是 getc 函数的隐式声明和定义
    private: int c;
};
```

假设在 a.cpp 中要使用该类,类外部访问私有的 x.c 非法:

```
//a.cpp
#include "x.h"
X x;
x.a + x.b;                    //正确
x.getc();                     //正确
x.c;                          //错误
```

私有授权访问能够解决大部分的现实需求:即提供给使用方访问,但又不希望暴露完全的细节信息,但如果这个使用方是子类对象,又有所不同。根据 3.5.2 节的描述,子类对象是一个基类对象,因此,子类对象应能访问其内置基类对象愿意公开的信息。显然,基类对象的公有特征是不设防的,子类对象可直接访问;基类对象有其自身的隐私不希望子类对象能够看到,这部分特征设置为私有。

还有一种介于两者间的情形:基类对象希望有些特征对其他使用者而言不可见,但对子类对象可见,于是加入保护访问属性的形成三元结构授权访问模型。典型的三元结构访问模型例子是父类的构造函数:当希望外部不可随意创建对象时,如果将父类构造设置为私有属性,派生类对象实例化时因要调用父类构造时就会出错,此时将父类构造设置为保护属性是唯一选择。

使用保护访问属性要注意避免在派生类内部使用基类的形式访问基类的保护成员,下面代码示例了一个容易犯的错误:

```
class A
{
protected:
  int a;
};
class B:public A
{
private:
  A *pa; B *pb;
public:
  B(){  pa = new A; pb = new B;  }
  ~B(){  delete pa; delete pb;  }
  void foo(int b)
   {
     a = b;
     pb->a = b;  //静态绑定为 B::a,在类 B 内部保护属性可访问,成功
     pa->a = b;  //静态绑定为 A::a,类 A 外部保护属性不可,错误
   }
  };
void main()
{
  B b;
  b.foo(10);
}
```

继续丰富授权访问层次还可以得到四元结构授权访问模型。例如,这里理解 package(包)是耦合密切的相关类的逻辑组织,某种程度上可认为它的内部是一群相互可以信任的

类,因此这些类的对象具有互相开放且对其他使用者不可见的特征。把保护授权访问的特征看成是直系子孙可见的,把包授权访问的特征看成是朋友可见的。由亲疏关系可知,使用包授权的特征对直系子孙可见,使用保护授权的则对朋友不可见。

最后,C++语言为平衡效率的考虑,提出友元:一个类的友元(可以是一个普通函数或别的类),被声明为该类的朋友因此能不受限制地访问该类。从可见性的从小到大排序来看,私有＜保护＜包＜公有＝友元。

以上分析了4层授权访问模型,但C++语言尚不支持package访问属性,下面将分三小节阐述C++支持的三层授权模型。

4.3.2 public访问属性

在任意处,类的对象都可以直接用成员运算符访问(如果是该类的指针变量,那么任意处都可以使用－＞来访问该成员)。

使用class定义类时,默认访问属性是private,但如果使用struct结构体形式定义类,那么默认的访问属性就是public。public表示不设防,对成员的访问不设限制。

4.3.3 private访问属性

例如:

```
class A
{
  int x;
  void f()
  {  x++;  }
  int g(int y);
  ⋮
};
int A::g(int y)
{
x += y;
}
```

上述代码中,对每个特征都没有施加访问控制符,因此都是默认的private访问属性。类声明或类定义中的代码,都称为该类内部,因此上述程序段中对A::x数据成员在f和g内的访问都合法。注意,函数f与g仍然是私有访问控制符,因此该类对象对这两个函数的访问通过其他的public函数间接调用进行。

下面的程序段有编译错误:

```
class A
{
  int x;
  void f()
  {  x++;  }
public:
  int g(int y);
```

```
};
int A::g(int y)
{  x += y; }
void main()
{
  A obj;
  obj.x = 0;                    //错误,private 私有属性不可在类外部访问
  obj.f();                      //错误,private 私有属性不可在类外部访问
  obj.g(3);                     //正确,public 公有属性不受限
}
```

通过另一种形式的公有函数在类外部间接访问私有函数：

```
class A
{
private:
  int x;
  A(){ x = 0;}
public:
  static int accessXInner()
  {
    A * objp = new A();
    return objp -> x++;
  }
};
void main()
{
  A::accessXInner();
}                              //正确,通过 public 类的静态成员函数访问对象的私有成员
```

注意：上面代码的对象是在对象内部创建的,该对象的私有构造负责对 x 初始化 0。

4.3.4 protected 访问属性

在单个类中 protected 等同于 private,即只能在本类内部被访问；一旦有继承结构,那么子类内部也可以访问父类中定义为 protected 访问控制符的成员。

一段错误代码如下：

```
class A
{
private:
  int x;
public:
  int y;
protected:
  int z;
};
class B:public A
{};
void main()
{
```

```
  B objb;
  objb.x;              //错误,B继承拿到的是x是私有属性,只能在A类内部访问
  objb.y;              //正确,公有不受限
  objb.z;              //错误,B继承拿到的z是保护属性,但只能在A类内部或B类内部访问
}
```

再举一个子类内部访问继承自基类的保护成员的代码例子：

```
class A
{
private:
  int x;
public:
  int y;
protected:
  int z;
};
class B:public A
{public:
   int accessZfromB()
   { return z--; }                  //正确,在子类内部访问来自基类的保护成员
};
void main()
{
  B objb;
  objb.accessZfromB();              //正确,公有函数不受限
}
```

再举一个错误例子：

```
class A
{
private:
  int x;
public:
  int y;
protected:
  int z;
};
class B:public A
{public:
  int accessXfromB()
  {
    return x--;                     //错误,x是继承来自基类A的私有成员,不可在A外被访问
  }
  int accessZfromB()
  {
    return z--;                     //正确,可在子类访问继承自基类的保护成员z
  }
};
void main()
{
```

```
    B objb;
    objb.accessXfromB();
    objb.accessZfromB();
}
```

思考：如何在派生类 B 中访问来自基类 A 的私有成员 x?

4.4 静态变量

本节围绕将 static 关键字用于静态、全局、局部变量和类的静态成员展开。

4.4.1 静态、全局、局部

static 用于修饰变量或成员函数，一般指变量生命期很长或类的成员函数唯一性。

全局指作用域不受限，在整个工程中都可用。

局部指作用域受限于函数代码块。

静态变量包括静态全局变量、静态局部变量，以及类的静态成员变量。

(1) 使用 static 修饰的局部变量称为静态局部变量，其作用域受限于该定义函数块，生命期持续到整个程序结束。

(2) 使用 static 修饰的全局变量并非继续强调其生命期（全局变量本就生命期很长），而是指示其作用域受限于定义所处的文件内。

(3) 使用 static 修饰的类数据成员/成员函数称为静态数据成员变量/静态成员函数，表示这些成员不属于每个实例对象拥有，而属于类装载时该类唯一存在。因此可称为类的静态数据成员变量/静态成员函数，以区别于一般的对象的静态数据成员变量/静态成员函数。类的静态数据成员生命期持续到整个程序结束。

静态/全局变量的内存分配区既不在系统堆栈也不在动态分配的堆中，而驻留于宝贵的低端内存区。

一个程序的真正运行并不一定是从 main 开始的，很可能在 main 主函数之前，仅将 main 作为一个入口跳板而跳转先执行静态/全局变量的初始化逻辑。

例如，下面的程序段：

```
extern int a;                    //先声明 a,由于 main 访问 a,而 a 的定义在调用之后
void main()
{
a++;
}
int a = 0;
```

上面的代码表明，程序入口虽然是 main，但跳转先执行了全局变量 a 的定义初始化逻辑。

举一个静态局部变量的例子，可用于跟踪进入函数块次数：

```
void f()
{
```

```
    int localf;
    static int count = 0;
    count++;
    cout <<"第"<< count <<"次调用 f"<< endl;
     ⋮
}
void main()
{
    f();
    f();
}
```

显然，由于 static 修饰的 count 实际是一个作用域受限于 f 函数的全局变量，因此初始化语句只会在第一次执行 f 时执行一次，后面 count++ 记录存储进入 f 函数体的次数（即调用 f 的次数）。当 f 调用结束时，count 不同于在 f 内的局部变量 localf（会在堆栈中销毁），它一直存在直至程序结束才在静态/全局数据区销毁。

下面的代码段和上面代码段功能完全相同，不过使用了全局变量保存函数 f 的访问计数：

```
#include <iostream.h>
int count = 0;
int f()
{
    static int a = 0;
    return::count = ++count;        //全局 count 使用::域指示符以与本地 count 区别
}
void main()
{   f();
    f();
    cout <<"一共调用 f"<< a <<"次"<< endl;
}
```

再举一个静态成员函数和静态数据成员的例子，将上述代码包装进一个类中即可。

```
class A
{
    static int count;
public:
    static void f() { count++;  cout <<"第"<< count <<"次调用 f"<< endl; }
};
void main()
{
    A::f();
    A::f();
}
static int A::count = 0;
```

注意：静态成员函数由于仅隶属于类，因此不能访问仅属于对象的普通成员函数或数据成员，因为这时还没有对象。

4.4.2 类的静态成员

类的静态成员用于表征属于类而非属于该类对象的特殊特征，它是一个类的整体特征，仅用于强调该成员是该类所有成员所共享，而非同其他普通数据成员一样，每个该类对象都单独拥有自己的一份成员内存。

由 4.4.1 节中的代码可知：

(1) 类的静态成员函数只能访问该类的静态数据成员。

因为类先于对象存在，一个类可以没有实例化的对象，也可以不经过对象直接访问类的静态成员(类名::静态成员)。静态成员函数中如果访问了对象成员，访问了哪个对象的成员是无法辨识的。编译器会直接指示错误。

(2) 类的静态成员常用于一个类的诸多对象实例间共享，可视为作用域受限于该类的特殊的全局变量。

(3) 静态成员的初始化类似于全局变量，必须出现于全局区。

(4) 构造函数不能用于初始化静态成员。

例如，统计每个学生所有考试课程成绩的平均分 stuAvgScore(求一个学生所有课程分的，除以课程门数)，每门课程平均分 courseAvgScore(求所有学生同一门课程分数的和，然后除以学生数)以及所有课程分数的平均分 totalAvgScore(求所有课程分的和，然后除以课程门数与学生数的积)。

大致需要下面这样一些类：

```
class StuCourseScore
{
   char * stuNo;
   char * couseNo;
   float score;
   static float averageScore;
 };
class Student
{
   char * name;
   char * stuNo;
     ⋮
};
class Course
{
   char * courseName;
   char * courseNo;
     ⋮
};
```

提示：所有 StuCourseScore 对象都共享的数据是 totalAvgScore，即所有课程分数和的平均分，其他两个待求项 stuAvgScore 和 courseAvgScore 都只是某些对象间共享，需要使用指针指向堆中分配的内存进行共享。以便遍历进行按照学号进行的求和。

4.5 初始化与构造

定义了类型即声明了类后，当定义该类型对象/变量时，应给该对象/变量一个初始值，该过程称为初始化。对于类对象的创建而言，应对对象的各个数据成员都进行初始化。这个过程可交由构造函数负责，构造函数对各个数据成员进行一次再赋值，将其更改为创建对象者期望的值。

4.5.1 变量声明、定义与初始化

1. 变量声明

声明表明接下来可能要访问该变量，它的定义尚在别处。函数声明、变量声明都可以重复出现，但类声明(即类型的定义)只能出现一次。

容易混淆的是，认为变量声明即定义，因为编译器通常会认为“类型名+变量名”(首次出现)即为变量定义，也是声明，这是一个细小难以察觉的差别。

对于类中的成员变量来说，类/结构体的声明实际是定义了一个类型，其中的成员变量均为声明而非定义。当对象实例化后，这些成员变量才会被分配内存，才有真正的成员变量定义。

2. 变量定义

定义一个变量意味着它将获得一块内存，变量名代表这个内存块的首地址。变量定义后需要初始化，因为并非编译器对每种类型的变量给出默认的初始值。一个变量在定义时的赋值才能称为初始化，再改变它的值称为赋值。对自定义结构体/类，其成员为基本类型复合而成，需通过自定义构造函数入口对对象变量内的各数据成员进行初始化。

总之，对于类/结构体数据成员变量，变量声明与定义区别十分明显。但对于普通变量，有着细小差别。

例如：

```
int i;
```

表示全局变量 i 的定义，默认初始化为整型 0。

```
int i = 1;
```

表示全局变量 i 的定义，初始化为整型 1。

```
extern int i;
```

可重复出现，表示全局变量 i 的声明，其定义在别处，也有可能在别的文件中。

```
static int i;
```

表示静态全局变量 i 的定义，默认初始化为整型 0。其作用域受限于工程中的本文件中。若工程的其他文件中也有该形式的变量定义，则互不干扰，各自在自身文件中作为全局变量。

extern int a 是 a 的声明，int a 是 a 的定义。前者出现在每次需要使用该变量之前（声明即表明获得访问授权，接下来会有访问），后者只能出现一次。当需要在多文件间共享全局变量时，可利用此特性来设计全局变量在工程的不同文件中共享的。在所有要共享访问该全局变量的 CPP 文件中都 include 一个头文件，该头文件有该变量的声明；在其中任意一个 CPP 文件中给出唯一的全局变量定义。

3. 初始化

程序运行到定义变量处，会分配内存，但该内存处的内容是"脏"(dirty)内存。因此，一般编译器会做一些默认的初始化操作。作为程序员，一定不要养成依赖系统编译器的习惯：对任何变量内存做到分配有数，初始化负责，最终销毁。

例如：

```
int a = 5;
```

分配一个整型的内存块，用符号 a 代表该块，并初始化该块内容为 5。不同于赋值，变量只能初始化一次。

4.5.2 单类构造

1. 构造函数的主要作用

构造函数主要有两个方面的作用：

(1) 初始化数据成员为期望值。

(2) 提供调试窗口，在构造函数内跟踪对象的初始化赋值情况，能更早获知内存状况。

构造函数负责给类对象的数据成员赋期望的初始值，虽然这不是初始化（初始化意味着定义分配内存的同时给初始值，成员初始化表才是真正的初始化，参见 4.5.4 节），但效果一样，都是为了给期望的初值。为简化描述，以后不加区分都称为初始化。

构造函数与类同名，无返回值（注意与 void 不同），一般为 public 访问属性，但某些特殊情形使用 private 或 protected 构造以杜绝外部随意创建对象，如单例模式。

2. 构造函数不能为虚函数

构造函数不能为虚函数，是因为：

(1) 对象必须首先创建，才能访问它的成员函数或数据成员。

(2) 创建对象意味着要调用该对象的构造函数，从而对该对象的数据成员赋期望的初始值。

(3) 虚函数意味着推迟绑定，步骤(2)描述的绑定调用将无法进行，于是对象无法创建。

系统会提供默认的无参数构造函数，一旦自定义任何形式的构造函数（包括拷贝构造），系统的默认无参构造将被覆盖。

3. 构造函数的类型

下面分 4 部分展开对构造函数的讨论。

1）无参构造

无参构造指形参个数为 0 的构造函数，意味着在创建该类对象时不得传递参数，对象的数据成员变量初始值在构造函数内直接指定。

```
class A
{
private:
  int x;
 public:
    A() { x = 0;}
};
void main()
{
  A obja;                          //局部对象实例化导致 A::A()被调用
  A * pobjb = new A();             //动态对象实例化导致 A::A()被间接调用
  delete pobjb;                    //使用 new 运算符分配的内存必须在结束时释放
}
```

当创建上述 A 类不带任何参数的 obja 对象时，会调用无参构造函数，此时 obja. x = 0。

注意，构造函数仍是对象的成员函数，仍然具有访问属性，下面程序段给出的构造函数是 private 访问属性，因此它不能在类外部被直接调用。

```
class A
{
 private:
  int x;
  A() { x = 0;}
 public:
  static A * getInstance();
};
A * A::getInstance()
{ return new A(); }
void main()
{
  A obja;                          //错误，创建对象失败，因为私有构造不能在类外部被访问
  A * pobjb = A::getInstance();    //正确，私有构造在类外部被公有静态函数间接访问
  delete pobjb;
}
```

构造函数是对象创建获得运行活动的第一步，一旦其私有在外部不可用，就只有类的成员函数（A::getInstance 静态成员函数）在外部可用。

2）引用成员构造

注意，下面的程序段会指出没有合适的缺省构造：

```
class A
{
    int& x;                        //错误，引用成员
public:
    void show()
    {
```

```
            cout << x << endl;
        }
    };
    void main()
    {
        A obj;
        obj.show();
    }
```

本例之所以特殊是因为使用了引用作为类的成员，而引用必须立即建立引用关联，因此不能把这件事情交给默认的无参构造来完成，它也完成不好。

改造为下面的样子(相同部分略)：

```
class A
{
    int& x;                         //引用成员
public:
  A()
  {
    x = new int(1);                 //错误
  }
    ⋮
};
void main()
{…}
```

该程序仍然报错的原因在于：引用成员必须立即初始化，而不同于在构造函数体内的再赋值。修改为成员初始化表(参见 4.5.4 节)的形式，如下程序段(相同处略去)。

```
class A
{
    ⋮
    A():x( * new int(1))
    {}
};
void main()
{ … }
```

3) 有参构造

在 1.2.6 节中指出，基于对函数调用的编译绑定串形式分析，编译器支持同名函数不同参数个数、类型的函数重载形式，构造函数的重载也水到渠成。

从实际意义来说，将对象初始化为外部传入的期望值非常实用，也符合以变化量初始化变量的初衷。

程序段如下：

```
class A
{
private:
  int x;
public:
```

```
    A() { x = 0;}
    A(int x) { x = x;}
};
void main()
{
    A obja;
    A *pobjb = new A();
    A objc(5);
    A *pobjd = new A(5);
    delete pobjb;
    delete pobjd;
}
```

上述代码在堆栈中分配了 obja,objc 两个局部对象,在堆中分配了 pobjb,pobjd 指向的两个动态对象,其中 objc 和 pobjd 指向的对象被初始化为传入的期望值。

一种常见错误是缺少相应参数形式的重载拷贝构造函数,如下代码段:

```
#include <iostream.h>
class A
{
private:
    int x;
 public:
A(int x) {this->x = x;}           //数据成员与形参同名,可以使用当前对象指针指示数据成员
};
void main()
{
    A obja;                        //错误,没有对应的构造函数形式,绑定失败
    A objb(6);
}
```

在上面的 main 函数中创建了两个局部对象,但提供服务的 A 类没有提供无参的构造函数,函数调用绑定失败。因此一旦定义构造函数(也可能不定义构造函数,系统提供的默认构造函数相当于不初始化,一旦创建对象,其所有数据成员变量都是"脏"内存值),就要考虑全用户可能要用到的构造形式,将多个不同参数个数和类型的同名构造函数都定义完备。

4) 拷贝构造

有时有这样的构造对象形式:

```
A obj1,obj2(obj1);
```

即对象的初始化可以通过复制另一个对象已有的状态值(所有数据成员均复制)来进行。使用拷贝构造函数,在构造函数体内部完成对象间的数据成员逐个赋值即可。也就是说,当定义一个对象时需要复制另一个对象的所有成员值作为初始化值时,就可能需要定义拷贝构造函数。

有关拷贝构造,需要注意两点:

(1) 当需要一个同类对象来初始化新定义的对象时才触发拷贝构造调用,而两对象赋值时不触发拷贝构造调用。

(2) 当不定义拷贝构造时,系统会自动提供一个默认的拷贝构造函数。

```
class A
{
private:
  int x;
};
void main()
{
  A obja;
  A objb(obja);                    //obja对象作为实参传递给拷贝构造函数内赋值用
  A objc = objb;                   //也可以使用 = 赋值运算符在定义对象时触发
  A * pobjd = new A(objc);         //动态分配,pobjd指针指向首地址,objc对象值作为初值
  delete pobjd;
}
```

上述代码由于使用默认的无参构造和默认拷贝构造,实际发生的数据成员间对拷赋值没有任何意义,只是通过这个例子描述了拷贝构造的几种触发时机。

下面的程序段给出系统提供的默认拷贝构造的原理代码:

```
class A
{
private:
  int x;
public:
     A() { x = 0;}
     A(const A& obj) { this -> x = obj.x; }
};
```

注意:A拷贝构造使用了const修饰,表示obj是一个不能作左值的变量,也就是说,该函数体内不能修改obj形参对象的任何数据成员值。形参使用了A&,即A的引用参数类型。引用是指针的变型,可视为变量的别名。

例如:

```
int a;
int& b = a;
cout < &b <<" "<< &a << endl;
```

输出a、b变量的地址,发现相同,表示是同一个变量的两个不同名字。这里引用解决了实形参值传递带来的死循环问题——编译器发现潜在异常指示编译错误。

假设如下的程序段:

```
class A
{
private:
  int x;
public:
     A() { x = 0;}
  A(const A obj) { this -> x = obj.x; }
};
void main()
{
```

```
    A obj1;
    A obj2(obj1);                    //利用 obj 的值初始化 obj2,等价的写法是 A obj2 = obj1
}
```

当函数调用发生保存现场后，会在堆栈中新开辟形参变量的内存，然后将实参值传递给形参变量（实形参值传递过程）。因此，注意注释标识的语句，当运行到 main 内定义 obj2 对象时，将发生 const A obj = obj1 这样的实形参传值，这也是用一个对象来初始化定义另一个对象的拷贝构造触发调用形式，于是，就像 f－＞g－＞f 的调用结构，陷入无限死循环。

解决问题的唯一途径是，不能在拷贝构造函数体执行前又发生对象创建分配内存时的拷贝构造递归调用，可考虑改为指针传值形式仅对象地址值传递而非对象值拷贝，具体如下：

```
class A
{
private:
    int x;
public:
    A() { x = 0;}
    A(const A * pobj) { this -> x = pobj -> x; }
};
void main()
{
    A obj1;
    A obj2(&obj1);                   //利用 obj 的值初始化 obj2,传递对象地址
}
```

如此一来需要通知调用端（如 main 函数），改用传递地址形式来拷贝构造创建新对象，带来不便。

既然引用是别名，就不会创建新的内存分配（实际仅创建一个指针变量），实形参间其实是同一个对象的两个不同名，当实形参传递时没有分配新的对象内存。这就是拷贝构造函数内形参一定要使用引用类型的原因。

除前面的拷贝构造递归调用错误外，还有一种容易忽视的默认相应重载构造错误，具体如下：

```
class A
{
private:
    int x;
public:
    A(A& obj) { this -> x = obj.x;}
};
void main()
{
    A obja;                          //错误,没有默认构造,因为自定义了拷贝构造
    A objb(obja);
}
```

再次强调，当定义了任意形式的一种构造函数之后，默认无参构造，将不再可用。

例如，不会被调用的拷贝构造，程序段如下：

```
#include< iostream.h >
class A
{
private:
  int x;
  int y;
public:
  A(int a, int b)
  { x = a; y= b;}
  A(A &obj)
  {
    this->x = obj.x;
    cout <<"copy construction!"<< endl;
  }
 void pContent()
 {  cout <<"x = "<< x <<"y = "<< y << endl;   }
};
void main()
{
  A obja(1,2),objb(3,4);
  objb = obja;                    //不会调用拷贝构造
  obja.pContent();
  objb.pContent();
}
```

输出结果显示拷贝构造未被调用，但 obja 和 objb 通过赋值运算符获得了相同效果的赋值。

5）深浅拷贝构造

浅拷贝与深拷贝是一种形象的描述，区别在于当出现指针成员时，一个是去拷贝指针指向的内存块值；另一个是仅拷贝指针值（即指向同一内存块）。前者称为深拷贝构造函数；后者称为浅拷贝构造函数，而系统提供的默认拷贝构造都是浅拷贝。上面的有关拷贝构造代码段也都是浅拷贝，即直接将两个对象间的所有数据成员赋值。由此想到，系统提供的默认拷贝构造一般情况下不需要自行再编写，仅当出现深拷贝需求时才编写。

（1）浅拷贝。

例如：

```
class A
{
private:
  int m; int *pn;
public:
  A(int x,int *y)
  {
    this->m = x;
    this->pn = y;
  }
```

```
    A(const A& obj)
    {
      this -> m = obj.m;
      this -> pn = obj.pn;
    }
    void setPn(int x)
    {   * pn = x;   }
    int getPn()
    {   return * pn;   }
};
void main()
{
    int a = 0, b = &a;
    A obja(a,b);
    A objb(obja);
    obja.setPn(6);
    cout << obja.getPn()<< endl;
    cout << objb.getPn()<< endl;
}
```

上面的程序逻辑简单，只是 A 类中出现了指针成员 pn。当发生拷贝构造调用时，指针的指向地址值也被拷贝，于是 obja 和 objb 的 pn 指向了同一个内存块，即指向 main 中分配的局部变量 a。可以想到，两个仅初始值相同的对象，实际上却发生了数据耦合：当 obja.setPn 改变了外部的 a 时，objb.getPn 也发生了变化，因为 obja 和 objb 的 pn 都指向了同一个地址(main::a 的地址)。

浅拷贝的优点：

① 创建拷贝对象时迅速。

② 使本不相关(仅对象各成员值相同)的两个对象产生了耦合，两个对象指针成员指向同一个内存内容是非常危险的。

③ 默认拷贝构造是浅拷贝的。因此，除非考虑到情况②的风险，一般不自定义拷贝构造函数——即如果自己定义拷贝构造，一般是深拷贝构造。

(2) 深拷贝。

从实际上来说，两个同类对象指针成员的直接拷贝赋值的确没有意义，希望能够拷贝其指向的内容值。因此在深拷贝中需要自行开辟新空间，保证各自的指针指向不同，但指向的内容值拷贝是相同的。

改造上述程序段中的有关构造函数部分改写如下：

```
A(int x,int * y)
{
     this -> m = x;
     this -> pn = new int( * y);      //开辟指针域指向的空间,复制传入指针指向内存块的值
}
A(const A& obj)
{
    this -> m = obj.m;
    * pn = * obj.pn;                  //复制传入对象的指针成员指向的内存块值
}
```

思考题：联系 strcpy，memcpy 等内存拷贝函数，无一不是类似“深拷贝”。编写一个 strcpy 拷贝字符的函数。

4.5.3　继承构造

下面的程序段给出了一个基类和一个派生类声明，然后分别使用基类指针和派生类指针指向了在堆中动态分配的派生类对象：

```
class Base
{
  int i;
public:
  Base()
  {
    cout <<"Base 构造在执行!"<< endl;
  }
};
class Derived: public Base
{
  int j;
public:
  Derived()
  {
    cout <<""<< endl;
  }
};
void main()
{
  Base * p = new Derived();
  Derived * q = (Derived * )p;
}
```

对于派生类对象 Derived 的数据段内存分布，应看为两部分：

(1) i 成员继承来自基类，应先分配内存并初始化。

(2) j 成员是派生类新增加的特征，由派生类的构造函数分配内存并初始化。

如图 4-5 所示，基类指针 p 和派生类指针 q 指向同一个内存块，它们的值都是该内存块的首地址，但它们能访问的内存数据区域却不同。前者只能访问到 i 域；后者还可以访问到 j 域。指针能合法访问的内存区域大小取决于它的类型，和变量两要素(型与值)是一致的。

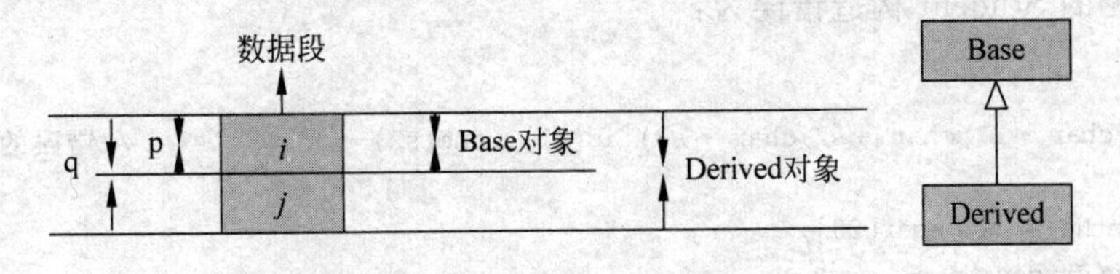

图 4-5　上述代码内存结构图

从具体实例来说，设想一个 Person 和 Student 的例子。学生首先是一个人，具有身份证号码、姓名这样普遍的特征属性，然后成长为学生后具有学号这样一个扩展特征属性。

程序段描述如下：

```
class Person
{
private:
  char * id;
  char * name;
public:
  Person(char * s1,char * s2)
  {
     id = new char[19];
     strcpy(id,s);
     name = new char[9];
     strcpy(name,s2);
   }
};
class Student : public Person
{
private:
  char * studentNo;
  char * name;
public:
  Student (char * s1,char * s2,char * s3):Person(s1,s2)                    //成员初始化表
  {
      studentNo = new char[20];
      strcpy(studentNo,s3);
   }
};
void main()
{
  Student st("422301197611180915","刘鹏远","1994110101");                 //触发 Student 构造
}
```

从自然语义来说，应首先执行 Person 构造，获得身份证号码和姓名；然后执行 Student 构造，分配学号。这符合资源分配的自然法则：首先分配最重要的必须的资源，然后分配附加的资源。即首先为作为一个人的特征 id 和 name 分配内存和初始化，然后为更具体的学生特征 studentNo 分配内存并初始化。

当定义 Student 对象 st 时，编译器绑定调用 Student 构造，要想跳转先调用 Person 构造，必须使用成员初始化表，4.5.4 节将系统阐述成员初始化表。

一种常见的 Student 构造错误为：

```
⋮
Student (char * s1,char * s2,char * s3):id(s1),name(s2)                 //错误的成员初始化表
{
   studentNo = new char[20];
   strcpy(studentNo,s3);
}
⋮
```

可以看到，id、name 是 Person 的 private 访问属性数据成员，Student 不可访问，但编译

器解析展开 Student 类时是知道 Person 类为基类的，因此成员初始表处应改为显式地调用基类 Person 的构造函数。

4.5.4 成员初始化表

构造函数体名后可以跟着“:”开始的类似逗号表达式的一串“函数调用”(形似函数调用，都用括号形式)，它被称为成员初始化表。成员初始化表才是真正的定义即初始化，不同于构造函数实际是再赋值改变。因此，当在构造函数定义体出现“:”开始的成员初始化表时，构造函数体的执行逻辑将晚于成员初始化表进行。

在 4.5.3 节中，已经见过了成员初始化表的一种应用。本节将更一般化地阐述成员初始化。

1. 成员初始化表使用规则

使用成员初始化表进行数据成员初始化需要注意如下规则，否则会造成编译错误。

(1) 必须出现在构造函数名(参数表)后，用冒号“:”分开。

(2) 必须使用括号形式进行逐个成员的赋值，多个成员赋值间使用逗号“,”间隔。

(3) 成员初始化表优先于构造函数体运行。

(4) 成员初始化表内执行顺序依赖于数据成员的声明次序(即对象实例化后数据成员内存分配的次序)。

2. 错误的成员初始化表

下面是一个错误初始化的例子，age 值未得到正确期望值。

```
#include<iostream.h>
class Student
{
private:
  int age;
  int year;
  int birthYear;
public:
  Student(int x,int y): year(x),birthYear(y),age(year - birthYear)
  { cout <<"age = "<< age << endl;
    cout <<"year = "<< year << endl;
    cout <<"birthYear = "<< birthYear << endl;
  }
};
void main()
{
  Student s(2014,1976);
}
```

注意：成员初始化表使用的是类似函数调用的形式，位于构造函数名字之后，用“:”与构造函数名隔开，其内多项用“,”间隔，但它不是逗号表达式。

成员初始化表的执行顺序既不是自左及右，也不应如逗号表达式般被看成自右及左，而是按照数据成员声明的顺序，依次地初始化 age、year 和 birthYear。因此，上述代码首先执行的是 age = year－birthyear 的赋值，此时 year 和 birthyear 已经分配但未初始化，它们值都还是内存中的"脏"值，因此 age 被初始化为不确定值。

改正的方法如下：

(1) age 逻辑上应赋值为"输入年－出生年"来表示年龄，可在成员初始化表直接将其初始化为 age(y－x)。

(2) 在构造函数体内对 age 赋值，改变其"脏"内存值为期望值为 year－birthYear。

3. 联合初始化

构造函数有时还必须借助成员初始化表来联合完成初始化，分两种情形：

1) 对象成员构造

```
class B
{
public:
  int y;
  B(int n)
  {
    cout <<"B的构造正在被调用"<< endl;
    y = n;
  }
};
class A
{
public:
  int x;
  B objb;
  A(int a,int b)  {
    cout <<"A的构造正在被调用!"<< endl;
    x = a;
    objb(b);                                  //或 objb = b; 均错误,没有这样的函数
  }
};
void main()
{  A obja(1,2); }
```

上述程序段中的 A 类中声明了一个 B 类的对象成员 objb，因此必须借助 B 构造来初始化。像下面这样的语句在构造函数体内是非法的，会被编译器认为是一个名为 objb 的函数调用，因而报错。解决方法是成员初始化表去跳转调用相应的构造来初始化内嵌的对象成员，程序段如下：

```
⋮
A(int a,int b): objb(b),x(a)        //使用成员初始化表跳转调用B构造
{
  cout <<"A的构造正在被调用!"<< endl;
  x = a;
}
⋮
```

上述 A 的构造函数将按照类成员声明的顺序来解析执行成员初始化表,即先初始化 x,再初始化 objb。也可改为如下程序,但和上面有着细微的差别:

```
⋮
A(int a,int b): objb(b)              //使用成员初始化表
{
  cout <<"A 的构造正在被调用!"<< endl;
  x = a;
}
⋮
```

此段程序与上面 A 类构造有细微不同,它将先执行成员初始化表中的 objb 对象成员的初始化,然后再执行构造函数体内的 x =a 赋值。即先初始化了 objb,后初始化了 x。

2) 跳转调用基类构造函数

下面的程序段是简单的基类派生类形式,然后定义了一个派生类对象:

```
class C
{
  int x;
public:
  C(int n)
  {
    x = n;
    cout <<"基类 C 的构造被调用!"<< endl;
  }
};
class D:public C
{
  int y;
public:
  D(int a,int b):y(a),C(b)              //显式调用基类构造
  {
    cout <<"派生类 D 的构造被调用!"<< endl;
  }
};
void main()
{
  D obj(1,2);                           //触发 D 构造调用,但会作为跳板先去执行成员初始化表
}
```

上面的代码和 4.5.3 节中代码一样,因为需要先去构造基类继承得到的成员,所以必须使用成员初始化进行跳转。

4.6 析构

构造函数作用于对象分配内存之后初始化,析构函数则负责对象销毁后的收尾工作。例如,关闭文件,去除未销毁完的动态内存块,关闭数据库连接等。也就是说,构造函数的触发调用发生在对象定义之后,析构函数的调用则发生在对象生命期结束之际。

1. 构造函数与析构函数的共同点

(1) 都是对象生命期开始或结束时被系统自动调用。

(2) 都受到访问控制符的授权限制。

(3) 都是对象的成员函数,而不是类的成员函数(非静态)。

(4) 析构和构造一样,是很好的调试窗口,可以方便发现运行时错误。

(5) 函数名与类同名,析构前加"～"。

2. 构造函数与析构函数的不同点

(1) 构造不可以是虚函数,析构则有虚函数形式,虚析构有着特殊用途。

(2) 构造函数可以重载,以提供不同形式的初始化方式;析构只有一种无参的形式。

(3) 构造函数有成员初始化方便跳转,析构虽然没有,但隐藏着对其他析构的跳转调用。

4.6.1 内存区域

1. 数据段内存区逻辑划分

在 2.3.1 节中已经描述了内存结构,这里作一个简要回顾。仅就数据段而言,C/C++语言程序员可直接操控的内存区逻辑上可划分为:

1) 全局/静态数据区

全局或静态变量/对象或常量的内存分配的区域,在可用内存的最低端,由低地址向高地址以栈的形式组织分配内存。

2) 堆区

动态内存区,在全局/静态数据区之上(理论上可无限大),由低地址向高地址以链表形式组织分配内存,但在一个块内的若干连续空间,也以栈的形式组织分配和回收。

3) 堆栈区

局部变量/对象内存分配的区域,由高地址向低地址以栈的形式组织分配内存。当堆栈栈顶遇到堆指针时,表示内存耗尽。

2. 对内存区逻辑划分的理解

综上来看,在内存块内均以栈的形式分配内存和回收内存,这种规定符合多方面的实际情况:

(1) 从空闲内存表来看,不论何种内存区域,一定有一个索引或指针指向当前可供分配的空闲块。从耗费来说,维护一个指针指示当前可用块,比维护两个指针分别指示已分配队头和队尾效率高。前者是为栈形式维护空闲块链表;后者是为队列存储已分配的队头和队尾。

(2) 从平面的单层语义来说,若一个变量 v 有若干个域 1,2,…,n,那么顺序分配 v1,v2,…,vn 可视为逐步获得从一般到特殊的特征属性:越早分配获得的域特征越是一般和本质的资源特征;越晚获得的特征越是细小细化的资源特征。以学生为例,他进校首先要分配院系、班级，然后在班内获得学号序列，然后依据学号序列排列分配宿舍号。那么，当要销毁学生这个内存对象时，首先是回收宿舍，然后注销学号、班级……

（3）从继承的多层语义来说，若一个对象继承自一个基类对象，那么获得资源时必然是先分配内置基类对象的特征域，然后分配获得派生的其他特征域。这恰好又与构造函数执行顺序（先基类后派生类）、析构函数执行顺序（先派生类后基类）契合。

4.6.2 生命期与作用域

析构函数的触发调用始于对象的生命期结束，不同于变量声明/变量定义是程序尺度上的两要素（见2.3节），生命期与作用域是变量在运行尺度上的两要素。

1. 生命期

生命期指对象从分配内存诞生直至销毁的“时间长度”。

（1）全局对象/变量生命期最长，从程序刚开始运行就首先初始化开始，到程序运行完毕结束。

（2）在函数中定义的局部对象/变量生命期最短，从调用该函数堆栈分配其开始，到调用该函数返回结束。

（3）静态局部对象/变量与类的静态成员变量不同于局部对象/变量，两者生命期等同于全局对象/变量。

（4）还有一种特殊的在堆中分配的对象/变量（动态分配），从new/malloc获得内存开始，到delete/free结束。

2. 作用域

作用域指对象/变量可直接用该名字访问的区域的“空间广度”。

（1）全局对象/变量作用域最大，整个工程的不同CPP文件都可以访问。

（2）局部对象/变量，包括静态局部变量，它们作用域最小，仅在定义它的函数内可用。

（3）类的静态成员变量作用域受限于类以及该类的所有对象之间。

4.6.3 内存分配/销毁

内存分配给变量，以及内存由变量交还给系统，意味着变量生命期的开始与结束。这个过程有的由编译系统负责，程序员仅负责初始化赋值；有的由程序员负责。下面分别阐述分配和销毁两部分。

1. 内存分配

对象/变量分配内存时机直接决定其生命期。

1）局部对象/变量

调用进入该函数时，在系统堆栈中分配内存。

2）全局对象/变量

程序投入运行后在全局数据区分配内存。

3）静态对象/变量

同全局（可能作用域受限，如静态全局、静态局部变量，以及类的静态成员变量）一样，程序投入运行后在全局数据区分配内存。

4）动态分配对象/变量

new 或 malloc 时在系统堆中分配内存。

2. 内存销毁

对象/变量分配的内存如何销毁直接决定其生命期。

1）局部对象/变量

调用结束离开该函数，系统堆栈此时自动出栈释放内存。

2）全局对象/变量

程序结束自动释放内存。

3）静态对象/变量

同全局变量一样，在程序结束时自动释放内存。

4）动态分配对象/变量

delete 或 free 时销毁，否则程序结束形成内存泄漏。

4.6.4 单类析构

1. 析构函数执行时机

当对象创建生命期开始时，会去执行相应的构造函数（甚至跳转先调用别的构造函数）；当对象生命期结束要销毁时，会去执行相应对象的析构函数（甚至隐藏着对别的析构函数的调用）。析构函数负责做关闭文件，关闭数据库连接，清理内存等善后工作，析构函数被调用的时机就是对象生命期结束时机。

1）局部对象生命期结束

(1) 仅做调试窗口使用的析构函数，方便观察程序运行流程，打印调试用。程序举例如下：

```
class Person
{
  int x;
public:
  Person(){ x = 0; }
  ~Person()
  {  cout <<"Person 析构被调用."<< endl; }
};
void main()
{
  Person obj;                        //标志 1
}                                    //标志 2
```

① 当运行到标志 1 时，在堆栈中分配 obj 局部对象内存，并调用该对象的构造函数 obj. Person()。

② 当运行到标志 2 时，函数即将结束，obj 对象生命期结束，激发 obj. ~Person()析构调用。

上述 Person 类的析构函数仅在调试语句时使用，很多时候当变量/对象销毁时是没实际的事情需要程序员进一步处理的，除了堆中动态分配(new/malloc)的变量/对象需要显式手动回收内存(delete/free)外，局部变量/对象在堆栈中占用的内存在结束时都由系统自动弹出回收。

(2) 需进一步回收内存的析构函数，一般涉及对堆中内存的清理。

下面再看一个需进一步回收内存的析构函数，代码如下：

```
class Person
{
  int x;
  int * y;
public:
  Person()
  {
    x = 0;
    y = new int(0);
  }
  ~Person()
  {
    cout <<"Person 析构被调用!"<< endl;
  }
};
void main()
{
  Person obj;                        //标志 1
}                                    //标志 2,错误,内存泄漏
```

① 运行到标志 1 时该局部对象在堆栈中分配内存并调用该对象的构造函数 Person()初始化整型 x 和指针成员 y。注意，y 指向堆中分配的整型单元，该整形单元被初始化为 0。

② 运行到标志 2，离开 main 函数时对象生存期结束，触发 obj. ~Person()的析构调用。obj 是局部对象，其成员 x、y 内存都分配在系统堆栈中。当生存期结束会自动出栈释放 x、y 的内存。但 y 指向的 int 内存空间不在堆栈而在堆中，如此，析构函数造成 y 指向的那个 int 内存空间无人回收，造成内存泄漏。

全局/静态数据区、堆栈区的变量/对象都不会出现内存泄漏，仅是堆中使用 new/malloc 动态分配的变量/对象，需要显式地使用 delete/free 来释放对内存块的占用。

应修改析构函数为下面的形式：

```
⋮
~Person()
{
  cout <<"Person 析构被调用!"<< endl;
  delete y;
}
⋮
```

2）全局/静态对象生命期结束

需要注意全局/静态数据区是以栈的形式组织内存块的，因此自动回收内存时是最近分配的内存最先回收。

例如：

```
class A
{
  char * msg;
public:
  A(char * str)
  {
    msg = new char[strlen(str) + 1];
    strcpy(msg, str);
  }
  ~A()
  {
    cout << "析构销毁" << msg << endl;
    delete msg;
  }
}
void main()
{
  static A globalstaticobj("静态全局对象 globalstaticobj");
  A globalobj("全局对象 globalobj");
}
```

分配内存的顺序是 globalstaticobj→globalobj，回收内存的顺序是 globalobj→globalstaticobj，符合“先进后出”的次序，即“最近分配先回收”。

3）动态分配对象/变量生命期结束

动态分配的对象/变量需要使用 delete/free 释放内存，否则内存泄漏。注意，对象/变量可能是在全局/静态数据区，或在堆栈区分配的内存，但其指针成员可能还指向了堆中动态分配的内存。例如，上面程序中的 msg 指针成员指向了堆中动态分配的字符连续空间；当对象生命期结束时，就需要对动态分配的堆中内存做回收内存工作。

4）小结

(1) 析构函数以～类名命名，无参且不能重载，只能为 public 访问属性，无返回值，若未定义析构，编译器自动提供。

(2) 动态分配的对象，或对象中有指针成员指向了堆中动态分配的内存，需要在析构函数中做对象生命期结束时的内存回收工作。

(3) 全局/静态数据区以及堆栈区内存块，都以栈的形式组织内存分配和回收。

(4) 当有文件打开操作时，在操作文件的类中要定义析构检查文件是否最后关闭。

(5) 当有数据库连接时，操作数据库连接的类要定义析构检查数据库连接是否释放。

总之，谁分配和初始化哪块内存，谁就要负责回收。

5）综合案例

下面给出一个单类析构中包含全局对象、静态对象、动态堆中对象的生命期的例子。

```
class A
{
private:
  char mstr[100];
public:
  A(char * st);
  ~A();
}globalobj("全局对象 globalobj");
A::A(char * st)
{
  strcpy(mstr,st);
  cout <<"构造函数被调用,它初始化定义的"<< mstr << endl;
}
A::~A()
{
  cout <<"析构函数被调用,它销毁定义的"<< mstr << endl;
}
void func()
{
  A localfuncobj ("局部对象 localfuncobj");
  static A localstaticobj ("静态局部对象 localstaticobj");
  cout <<"即将退出 func 作用域,其内定义的局部对象将被销毁释放内存!"<< endl;
}
void main()
{
  A localmainobj("局部对象 localmainobj");
  A * ptr = new A("堆中动态分配一对象,ptr 指向该对象");
  cout <<"在函数 main 中,即将第一次调用函数 func!"<< endl;
  func();
  cout <<"在函数 main 中,第一次调用 func 已退出!"<< endl;
  cout <<"在函数 main 中,即将第二次调用函数 func!"<< endl;
  func();
  cout <<"在函数 main 中,第二次调用 func 已退出!"<< endl;
  delete ptr;
}
static A globalstaticobj("全局静态对象 globalstaticobj");
A  globalobj2("全局对象 globalobj2");
```

运行分析如下：

(1) 创建全局对象 globalobj,发生一次构造函数调用。

(2) 创建全局静态对象 globalstaticobj,发生一次构造函数调用。

(3) 创建全局对象 globalobj2,发生一次构造函数调用。

(4) 进入 main 函数,创建了一个 main 域的局部对象 localmainobj,发生一次构造函数调用。

(5) main 中 new 动态分配了一个 ptr 指向的堆中对象,发生一次构造调用。

(6) main 第一次调用 func,在 func 内定义了局部对象 localfuncobj,发生一次构造函数调用。

(7) 在 func 内定义了一个作用域受限的静态局部对象 localstaticobj,发生一次构造函数调用。

(8) 第一次调用 func 即将结束,销毁局部对象 localfuncobj,发生一次析构函数调用。

(9) main 第二次调用 func,在 func 内定义了局部对象 localfuncobj,发生一次构造函数调用。

(10) 第二次调用 func 即将结束,销毁局部对象 localfuncobj,发生一次析构函数调用。

(11) delete ptr,销毁堆中动态分配的对象,发生一次析构函数调用。

(12) main 即将结束,销毁静态局部对象 localstaticobj,发生一次析构函数调用。

(13) main 即将结束,销毁全局对象 globalobj2,发生一次析构函数调用。

(14) main 即将结束,销毁全局静态 globalstaticobj,发生一次析构函数调用。

(15) main 即将结束,销毁全局 globalobj,发生最后一次析构函数调用。

注意:全局/静态数据区的 4 个对象,是按照 globalobj→globalstaticobj→globalobj2→localstaticobj 的次序分配内存的。由于全局/静态数据区按照栈式来组织分配内存,因此释放时按照"先进后出"调用析构。

4.6.5 继承结构析构

在继承树结构下,当定义派生类对象时,会依次调用基类构造与派生类构造来初始化对象的成员值(使用成员初始化表充当跳板),这个构造过程符合天然语义(先初始化来自于基类的一般特征数据成员,再初始化派生类新增加的特殊特征数据成员)。上述过程也是静态绑定的过程(构造函数不能为虚函数)。

在销毁对象时,析构函数被激发调用,其函数体内最后一句隐含着对基类析构的调用。因此,析构释放内存的顺序正好与构造相反。在 4.6.1 节内存区域分析时,已经指出构造和析构的过程都符合天然语义(分配内存时,先获取本质的属性,然后分配获取其他特征;回收内存时,先释放小的,非本质的属性成员,最后释放最关键的属性成员)。

```
class Base
{
protected:
  char * key;
public:
  Base(char * s)
  {
    key = new char [strlen(s) + 1];
    strcpy(key,s);
  }
  ~Base()
  {
    cout <<"Base 析构调用,撤销"<< key <<"成功!"<< endl;
    delete key;
  }
};
class Derived:public Base
{
  char * affiliates;
public:
```

```
    Derived(char * s1,char * s2):Base(s1)
    {
      affiliates = new char [strlen(s2) + 1];
      strcpy(affiliates,s2);
      cout <<"单位"<< key << affiliates <<"创建成功!"<< endl;
    }
    ~Derived()
    {
      cout <<"Derived 析构调用,撤销"<< affiliates <<"成功!"<< endl;
      delete affiliates;
      //隐藏跳转去调用~Base
    }
};
void main()
{
    Derived workInstitute("湖北经济学院","计算机学院");  //标志 1
}                                        //标志 2
```

(1) 执行到标志 1 时,触发调用派生类析构,跳转执行成员初始化表中的基类构造。

(2) 执行到标志 2 时,触发调用~Derived 析构,除系统自动回收 affiliates 成员内存外,~Derived 还负责回收 affiliates 指向的堆中内存。在派生类对象的~Derived 析构尾部,还隐藏着跳转去调用内置基类对象的~Base 析构。

(3) 在~Base 析构内,除系统自动回收 key 成员内存外,~Base 还负责回收 key 指向的堆中内存。

4.6.6 组合析构

对象的组成可以是非常复杂的,既可以多层嵌套对象成员,又可以有多层次的继承结构。当创建这类对象时,会由该类构造函数作为跳板,跳转先调用内置基类对象的构造(若该类有继承基类),接着调用其内嵌对象成员的构造(若有对象成员被该类对象所内嵌);当该对象生命期结束,相应地(与构造分配内存顺序相反,是按照"先进后出"的栈序回收内存。)在调用自身析构销毁简单数据成员后,会在析构函数末尾隐含跳转调用其内嵌对象成员的析构(若有对象成员被该类内嵌),返回自身析构后,再末尾继续跳转调用内置基类对象的析构(若该类有继承基类)。组合构造与析构的执行流程如图 4-6 所示。

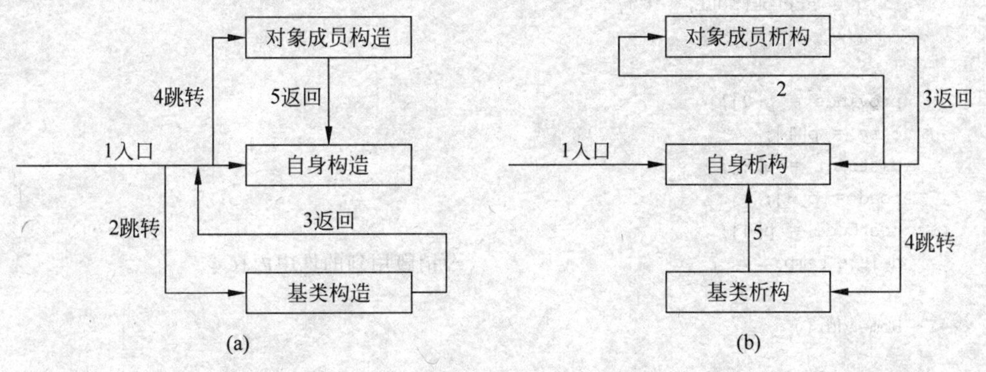

图 4-6　组合构造与析构执行流程

下面结合基类构造、对象成员构造、单类构造、单类析构、对象成员析构、基类析构等知识点，将给出一个既嵌套有对象成员、又继承某基类的对象创建的例子。

程序段如下：

```
#include <iostream.h>
#include <string.h>
#define NULL 0
class Person
{
  char * id;
  char * name;
  char * cleanPersonStr;
  class HomeAddr                                  //内部类
  {
    char * province;
    char * city;
    char * district;
    char * road;
    char * postCode;
    char * cleanHomeAddrStr;                      //用于回收拼接通信地址串时动态分配的内存
   public:
    HomeAddr(char * hAddr)
    {
      cleanHomeAddrStr = NULL;
      cout<<"HomeAddr 构造调用!"<< endl;
      char * p[5], * q, * temp;
      int i = 0;
//注意下面会引发异常是因为使用了常量串传入指针,而 strtok 是要修改原串的
      //q = strtok(hAddr,"-");
//修改为下面"深拷贝"形式
      temp = q = new char[strlen(hAddr) + 1]; //记得要销毁
      strcpy(q,hAddr);
      q = strtok(q,"-");
      while (q)
      {
         p[i] = new char[strlen(q) + 1];
         strcpy(p[i],q);
         q = strtok(NULL,"-");
         i++;
      }
      province = p[0];
      city = p[1];
      district = p[2];
      road = p[3];
      postCode = p[4];
      delete temp;                                //销毁用到的堆中内存
    }
    ~HomeAddr()
    {
      if (province)
```

```
                delete province;
            if (city)
                delete city;
            if (district)
                delete district;
            if (road)
                delete road;
            if (postCode)
                delete postCode;
            if (cleanHomeAddrStr)
                delete cleanHomeAddrStr;
        }
    //HomeAddr(){}                                    //调试程序初始时用
    //注意不能直接拼接 province、city 串等,否则串都改变了
        char * homeAddrConcat()
        {
            int len0,len1,len2,len3,len4,len5;
            char * prefix = " 通讯地址为: ";
            len0 = strlen(prefix);
            len1 = strlen(province);
            len2 = strlen(city);
            len3 = strlen(district);
            len4 = strlen(road);
            len5 = strlen(postCode);
            char * str = new char[len0 + len1 + len2 + len3 + len4 + len5 + 1];  //提醒回收该内存
            if (str)
            {
                memcpy(str,prefix,len0);
                memcpy(str + len0,province,len1);
                memcpy(str + len0 + len1,city,len2);
                memcpy(str + len0 + len1 + len2,district,len3);
                memcpy(str + len0 + len1 + len2 + len3,road,len4);
                memcpy(str + len0 + len1 + len2 + len3 + len4,postCode,len5);
                * (str + len0 + len1 + len2 + len3 + len4 + len5) = '\0';
            }
            cout <<"homeAddr 拼接为: "<< str << endl;
            cleanHomeAddrStr = str;
            return str;
        }
    }hAddr;                                          // HomeAddr 内部类类型作为 Person 的数据成员
  public:
    Person(char * sid,char * sname,char * addr):hAddr(addr)
    {
        cout <<"Person 构造调用!"<< endl;
        id = new char[strlen(sid) + 1];
        strcpy(id,sid);
        name = new char[strlen(sname) + 1];
        strcpy(name,sname);
    }
    char * getHAddr()
    {
```

```
        return hAddr.homeAddrConcat();
    }
  //Person(){}                                       //调试程序初始时用
  };
  class Student:public Person
  {
    char * studentNo;
    char * fullAddr;
    char * cleanFullAddr;                            //用于回收拼接全串时动态分配的内存
    class SchoolAddr                                 //内部类
    {
      char * schoolName;
      char * dormBuild;
      char * roomNo;
      char * cleanSchoolAddr;                        //用于回收拼接学校地址串时动态分配的内存
    public:
      SchoolAddr(char * schAddr)
      {
        cleanSchoolAddr = NULL;
        cout <<"SchoolAddr 构造调用!"<< endl;
        char * p[3], * q, * temp;
        int i = 0;
 //q = strtok(schAddr,"-");            //和 HomeAddr 函数内一样,使用 strtok 切割串会造成异常
        temp = q = new char[strlen(schAddr) + 1];
        strcpy(q,schAddr);
        q = strtok(q,"-");
        while (q)
        {
          p[i] = new char[strlen(q) + 1];
          strcpy(p[i],q);
          q = strtok(NULL,"-");
          i++;
        }
        schoolName = p[0];
        dormBuild = p[1];
        roomNo = p[2];
        delete temp;                                 //注意别遗漏堆中内存的回收,否则内存泄漏
      }
      ~SchoolAddr()
      {
        if (schoolName)
        delete schoolName;
        if (dormBuild)
          delete dormBuild;
        if (roomNo)
          delete roomNo;
        if (cleanSchoolAddr)
          delete cleanSchoolAddr;
        cout <<"SchoolAddr 析构调用"<< endl;
      }
  //SchoolAddr(){}                                   //调试程序初始时用
```

```
        char * schoolConcat()              //不能直接拼接 schoolName 和 dormBuild 等,否则串被改变
        {
          int len0,len1,len2,len3;
          char * prefix = "单位明细地址为: ";
          len0 = strlen(prefix);
          len1 = strlen(schoolName);
          len2 = strlen(dormBuild);
          len3 = strlen(roomNo);
          char * str = new char[len0 + len1 + len2 + len3 + 1];  //提醒某时回收该内存
          if (str)
          {
            memcpy(str,prefix,len0);
            memcpy(str + len0,schoolName,len1);
            memcpy(str + len0 + len1,dormBuild,len2);
            memcpy(str + len0 + len1 + len2,roomNo,len3);
            * (str + len0 + len1 + len2 + len3) = '\0';
          }
          cout <<"schoolAddr 拼接为: "<< str << endl;
          cleanSchoolAddr = str;
          return str;
        }
      }schAddr;                              // SchoolAddr 内部类类型作为 Student 的数据成员
    public:
      Student(char * sid,char * sname,char * sNo,char * hAddr,char * sAddr):
      Person(sid,sname,hAddr),schAddr(sAddr)
      {
        cout <<"Student 构造调用!"<< endl;
        studentNo = new char[strlen(sNo) + 1];
        strcpy(studentNo,sNo);
        cleanFullAddr = NULL;
      }
    /Student() {}                            //调试程序框架初始时用
      ~Student()
      {
        if (studentNo)
          delete studentNo;
        if (fullAddr)
          delete fullAddr;
        cout <<"Student 析构调用!"<< endl;
      }
      char * getSchoolAddr()
      {
        return schAddr.schoolConcat();
      }
      char * getFull()
      {
        char * hAddr = getHAddr();
        char * schoolAddr = getSchoolAddr();
        int len1 = strlen(hAddr);
        int len2 = strlen(schoolAddr);
        //提醒下面的内存某个时刻要销毁,分配者要对回收内存负责到底
```

```
        char * fullAddr = new char[len1 + len2 + 1];
        memcpy(fullAddr,hAddr,len1);
        memcpy(fullAddr + len1,schoolAddr,len2);
        *(fullAddr + len1 + len2) = '\0';
        cleanFullAddr = fullAddr;                       //保存留待析构释放用
        return fullAddr;
    }
};
void main()
{
//Student st;                                          //调试初始状态用
  Student st("422301197611180915","刘鹏远","1160001001","湖北省 - 武汉市 - 江夏区 - 杨桥湖
  大道 8 号 - 430205","湖北经济学院 - 桔苑 6 栋 - 105");
  cout <<"生成的对象信息为: "<< st.getFull()<< endl;
}
```

上面的程序段涉及 4 个类,其中 HomeAddr 和 SchoolAddr 分别是 Person 和 Student 的内部类,Person 是 Student 的基类;同时在 Person 类内和 Student 类内各自内嵌了 HomeAddr 类型的 hAddr 对象成员和 SchoolAddr 类型的 schAddr 对象成员,类图如图 4-7 所示。

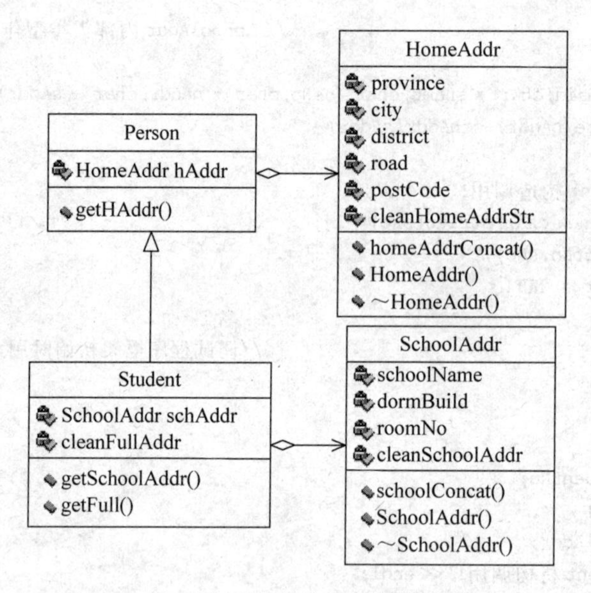

图 4-7 组合构造与析构例子

程序段中使用了 C 库函数: memcpy、strcpy、strlen 和 strtok。函数 strtok 用于将输入串按照分界符分解为子串,每一次调用就会截取一部分子串,在函数内部维护了一个静态局部变量指示下一个要解析的子串位置,因此实际是不断求子串改写原串的过程——因此不能用于操作常量串(如传入字符串给字符指针,就是常量; 分配给字符数组或堆中动态复制,就是可改写的串),而只能是可改写的串。

特别需要注意的是,析构函数负责回收 new 动态分配的内存。回收内存应秉承"谁分配谁负责"的原则,即 new 在哪个类方法中调用,那么"最晚"也应在该类的析构函数中使用 delete 回收内存。这个"最晚"的意思是,可能在该函数内部直接回收; 也可能由该函数的

调用端负责回收；但最后的一道关口必须也只能是该函数所在类的对象析构函数负责回收。

上面的例子中，为保证回收由于拼接串用于输出时分配的动态内存，在 HomeAddr 内嵌类、SchoolAddr 内嵌类、Student 类中分别使用了 cleanHomeAddrStr、cleanSchoolAddr 和 fullAddr 这三个字符指针，它们在拼接串函数 HomeAddr::homeAddrConcat()、SchoolAddr::schoolConcat()和 Student::getFull()进行拼接时保存动态分配内存块的首地址，在三个类的析构函数(～HomeAddr()、～SchoolAddr()和～Student())中加以判断和回收内存。

4.6.7 虚析构

在继承树结构下，当释放某派生类对象内存调用其析构函数时，其析构函数的最后一句语句会转向调用其直接父类的析构……，如此层层向上追溯，会依次调用自身析构和祖先析构来依次释放从细小到本质特征的数据成员属性。

1. 继承树结构下造成内存泄漏的析构函数

在某些情形下，当使用 delete 操作指向派生类对象的基类指针时，静态绑定会出现内存泄漏的遗憾(即程序并不报错，但系统内存在运行程序后会减少)。因为，在 CPP 文件编译时，函数调用一般都被解析为函数绑定串(参见 1.2.6 节)，delete 调用会直接按类型检查绑定调用类的析构函数，就可能有派生类成员内存未被释放。

例如：

```
class Person
{
  int i;
  Person()
  {
    i = 0;
    cout <<"Person 构造调用!"<< endl;
  }
  ～Person()
  {
    cout <<"Person 析构调用,i 回收清理!"<< endl;
  }
};
class Student:public Person
{
  int j;
  Student()
  {
    j = 0;
    cout <<"Student 构造调用!"<< endl;
  }
  ～Student()
  {
    cout <<"Student 析构调用,j 回收清理!"<< endl;
```

```
    }
};
void main()
{
  Person * p = new Student;
  ⋮
  delete p;
}
```

程序段执行流程分析、描述如下：

(1) 执行 main 函数，实例化 Student 对象时触发 Student 对象(*p). Student()调用。

(2) 由成员初始化表(无参时隐藏不写)跳转先调用 Person 构造，分配 i 内存并初始化 0。

(3) 回到 Student 构造，分配 j 内存并初始化 0。

(4) delete 触发析构调用，静态编译绑定指示调用 Person::～Person()析构调用，即(*p)内置的 Person 基类对象的析构函数调用，完成 i 内存的清理。

(5) 运行到 main 的"}"处，自动回收局部变量 p 内存，程序结束。

通过上述分析，以及观察程序结果，显然 Student 派生类的析构函数 p－＞～Student()没有得到执行，即(*p)对象的 j 成员没有回收清理内存，造成内存泄漏。

2. 使用虚析构修正绑定错误

要得到正确的内存释放，需要改变析构函数的静态绑定，为此引入虚析构函数：

(1) 虚析构，指使用 virtual 关键字修饰析构函数的声明，指示该函数调用在编译时不得被转化为静态绑定形式，而应推迟到运行时进行二次编译，在实际对象的内存空间内进行绑定。

(2) 虚析构本质上和虚成员函数的含义同样，都属于动态运行时的第二类多态。内置基类对象的析构函数由于被声明为虚函数，因此实际被派生类对象的析构函数覆盖改写(析构函数实际名字就是～，因此派生类对象的析构和内置基类对象的析构实际上存在同名覆盖改写，参见 5.2 节)。

将上述程序段中的 Person 析构～Person()改写为虚析构(仅需声明体加上 virtual 关键字，只列出声明体)：

```
class Person
{
  int i;
 public:
  Person();
  virtual ~Person();
};
⋮
```

图 4-8 给出了上述对象生成后的内存结构图，不同于 4.6.3 节的是，这里还给出了代码段的示意。

可以看到，在代码段部分，基类的析构被派生类析构给覆盖改写，实际逻辑是派生类 Student 的析构～Student()。

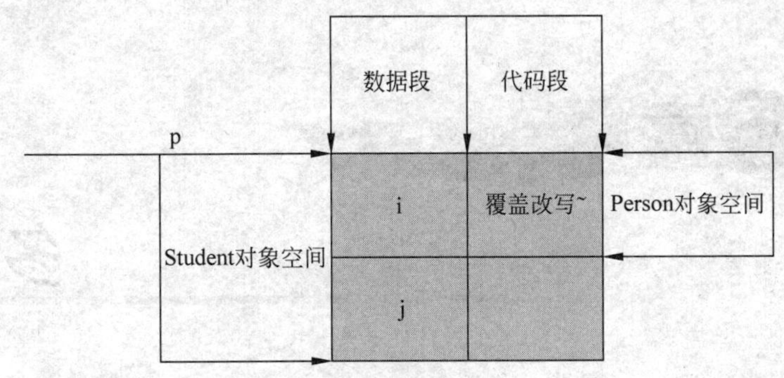

图 4-8 继承结构对象内存图

3. 虚析构的绑定过程分析

下面将按照编译过程和运行过程详尽展开分析。

1) 编译过程:

(1) 扫描 main 函数,绑定_Student@Student 串。

(2) 扫描到成员初始化表,绑定_Person@Person,并调整优先于(1)过程的_Student@Student 串生成。

(3) 扫描到 delete 触发析构调用,试图静态绑定,依据类型检查发现 p 是 Person *,在 Person 中找到了 virtual 属性的析构函数,推迟绑定。

(4) 继续后继流程编译处理,直至文件生成目标文件和可执行文件。

2) 运行过程

(1) 执行可执行文件,先后调用 Person()和 Student()构造函数实例化堆中对象,完成 i、j 成员的初始化。

(2) 扫描到需要再次运行时绑定的 delete p 语句,对已生成的对象的内存空间进行扫描,在 p 类型的 Person 对象空间找到唯一的析构函数~,它实际是 Student::~Student()占用了内置 Person 对象的~Person 析构,但覆盖改写了处理逻辑,绑定并调用,销毁回收数据段 j 内存。

(3) 在派生类析构 Student::~Student()的尾部,实际上跟有隐藏的对基类析构的调用(见 4.6.5 节),即对(*p)内置的 Person 基类对象的析构函数调用,完成数据段 i 内存回收。

(4) 运行到 main 的"}"处,自动回收局部变量 p 内存,程序结束。

4. 总结

最后,结合单类析构、组合析构以及虚析构,对析构函数做如下小结。

(1) 当构造函数中有指针成员在堆中动态分配了指向时,一般应自定义析构将该部分堆空间释放。另外,还应关注文件关闭,数据库连接关闭等清理工作,它们也应在析构内完成。

(2) 还可以析构函数作为调试手段方便观察内存释放的过程,在析构函数内部使用 cout 输出提示。

(3) 析构函数的末尾会自动去调用其直接父类的析构,因此不要在析构函数末尾加上对其父类析构如~Base()的调用,否则会重复出现对内置基类对象析构调用。

(4) 当使用基类指针或引用指向堆中分配的派生类对象时,应自定义虚析构,对基类析构加上 virtual 仅会损失微小的运行效率,但解决了内存泄漏的大问题。

第5章 多态

封装、继承与多态是面向对象程序设计语言必须具备的三大基本特征。封装是类的静态结构特征，继承是类子孙的衍生规则，多态则类的动态行为特征。

多态从本质上来说，是希望服务端代码具有一定通用能力，即尽可能不改动服务端代码的前提下，通过调用端的变化（传递的实参变化）自动触发服务端预留的多种预案中的某一相应方法。

多态分为静态多态和动态多态，与静态多态性相比，动态多态性对面向对象设计具有更大的价值。只有理解了动态多态性的原理，才能更加了解面向对象设计理念的精髓。后者是面向对象思想精髓的直接来源。

本章重点：静态多态、动态多态、函数间关系。

难点：动态多态。

5.1 静态多态

1.2.6 节已对编译绑定做了初步的描述。所谓绑定，是编译器对源程序中的函数调用语句在编译阶段的确定，绑定过程会生成绑定字符串二进制化后存储于目标文件中。

对于函数调用，编译器需检查函数调用与函数声明（编译时并不检查定义所在的 CPP 或 OBJ 文件）是否相符，包括域（域不同，无可见性可言）、函数名、参数表形式（注意不关注其返回值）。如果形参与实参类型能够相容（不必相同），就绑定成功，这个确定调用的具体函数的过程称为绑定（binding）。

静态多态有两类形式，下面分别阐述。

5.1.1 重载

例如：

```
int f(int a);
void f(int c,int d)
void main()
{
  f(5);                          //标志 1
```

```
    f(6,3);                          //标志 2
}
```

对 main 内的函数调用，标志 1 编译后绑定存储为 _f@int 的形式，标志 2 绑定为 _f@int@int。

编译绑定的形式说明：同名函数的不同形式，在编译时能够自动根据实参个数和类型实现精准绑定，这些不同版本的同名函数是由开发者提前编写、供调用者(客户)按需调用。

5.1.2 模板

模板(Template)(在 Java 中被称为泛型)支持使用未定类型的名称作为通用类型来使用，如此一来，开发者可以只写一个版本(称为函数模板)，由编译器按照调用时的实参类型自动展开生成实际的函数(称为模板函数)。

1. 函数模板

1) 函数模板定义

在函数的返回值和参数这两个部分局部或全部使用一个通用类型名代表一个抽象的类型，具体类型由函数调用时实参的类型决定，编译器按照该实际类型展开生成对应版本的模板函数。

2) 使用函数模板的过程

(1) template <class T>或<typename T>定义类型名 T。

(2) 将 T 用于函数 f 的形参或返回值类型，表示某类型。

(3) 当发生 f 函数调用时，编译器绑定串时会依据实参的类型来创建真正的模板函数，生成正确的绑定调用串。

3) 函数模板举例

下面将给出一个函数模板的程序例子，该函数将返回两个同类型数中较大的一个。为体现应用模板时发生的一些微妙变化，特意使用了多文件工程。可以看到，该多文件只有两层结构，而不同于通常的“声明—调用—定义”(“视图—控制—模型”)的 MVC 结构。

一个多文件工程的程序段如下：

```
//maxTemplate.h
template<class T>
T maxTemplate(T x,T y)
{
    return x>y?x:y;
}
```

```
//main.cpp
#include "maxTemplate.h"
//上述第一行#include语句在编译第一阶段预处理时会被替换成下面的形式:
/*读取 maxTemplate.h内容,替换 include "maxTemplate.h"行
template<class T>
T maxTemplate(T x,T y)
{
    return x>y?x:y;
}
*/
void main()
{
    int x,y;
    double s,t;
    cout<<"输入两个整数比较大小:";
    cin>>x>>y;
    cout<<"两者间较大的数是:"<<maxTemplate(x,y)<<endl;
    cout<<"输入两个浮点数比较大小:";
    cin>>s>>t;
    cout<<"两者间较大的数是:"<<maxTemplate(s,t)<<endl;
}
```

分析上述多文件工程的程序段,编译扫描到函数调用 maxTemplate(x,y)时,就是箭头指向的 maxTemplate.h 文件中的 T 被替换为 int 的时机,此时生成 int 版本 maxTemplate(int x,int y),得到具体的 int 版本的模板函数定义/隐式声明,随后生成编译绑定串_ maxTemplate@int@int。

当编译继续扫描到函数调用 maxTemplate(s,t)时,就是箭头指向的 T 被替换为 double 的时机,此时生成 double 版本 maxTemplate(double s,double t),得到具体的 double 版本的模板函数定义/隐式声明,随后生成编译绑定串_ maxTemplate@double@double。

注意:上述生成具体模板函数的过程,需要被调函数的模板定义与声明都被替换,也就是说被#include 的 maxTemplate.h 文件中必须包括 T maxTemplate(T x,T y)函数模板的声明和定义。因为,生成模板函数的时机就是函数调用被编译绑定的时机,地点就只能存在于函数调用所在 CPP 文件:如果将被调函数的定义单独定义一个 CPP 文件,这个 CPP 文件将无法获得被替换生成模板函数的机会。

例如,将上述的程序段改为下面的形式:

```
//maxTemplate.h
template<class T>
T maxTemplate(T x,T y);
//main.cpp
#include "maxTemplate.h"
//上述第一行#include语句在编译第一阶段预处理时会被替换成下面的形式:
/*读取 maxTemplate.h内容,替换 include "maxTemplate.h"行
template<class T>
T maxTemplate(T x,T y);
*/
void main()
```

```
{
    int x,y;
    double s,t;
    cout<<"输入两个整数比较大小:";
    cin>>x>>y;
    cout<<"两者间较大的数是:"<<maxTemplate(x,y)<<endl;
    cout<<"输入两个浮点数比较大小:";
    cin>>s>>t;
    cout<<"两者间较大的数是:"<<maxTemplate(s,t)<<endl;
}
//maxTemplate.cpp
template<class T>
T maxTemplate(T x,T y)
{
     return x>y?x:y;
}
```

这样符合多文件工程的 MVC 规范,有两个 CPP 文件需要独立编译,过程描述如下:

(1) 单独编译 main.cpp 时,编译通过,且将两次 maxTemplate 函数调用分别绑定为 _maxTemplate@int@int 和_maxTemplate@double@double。

(2) 单独编译 maxTemplate.cpp 时,编译通过,但没有发生 T 的替换,即未生成函数模板的具体模板函数。

(3) 链接多个目标文件,链接出错,指示找不到 int 版本和 double 版本的模板函数目标代码链接。

4) 多文件工程中正确运用函数模板的方法

(1) 将函数模板定义/隐式声明写入一个 h 文件中。

(2) 调用函数通过 #include h 文件将被调函数的函数模板定义导入,当函数调用时才会发生模板函数的生成。

(3) 编译调用函数时,会依据实参类型生成与被调函数模板对应的具体模板函数,其中的通用类型符号(本例使用的是字符 T)被替换为实参具体类型。

2. 类模板

1) 类模板定义

如果使用了未定类型来定义一个类(称为类模板),在实例化该类的对象时传入具体类型,则会由编译器在调用构造函数绑定时展开生成具体的类(称为模板类)并绑定相应模板类的构造函数串。

2) 使用类模板的过程

(1) 在定义类 A 之前用 template <class T>或<typename T>定义一个类型名 T。

(2) 将 T 用于类 A 的数据成员声明和成员函数声明以完成类的定义。

(3) 在类 A 的每一个成员函数定义前用 template <class T>或<typename T>作前缀指示这是一个类模板的成员函数(当然也可以使用隐式声明和定义合并)。

(4) 在实例化类 A 对象的地方,在类名后使用<x>形式将具体类型 x 传入。编译时试图生成具体模板类和具体的绑定调用串,并将 T 替换为具体类型 x。

3）类模板举例

使用类模板的程序段举例如下：

```
//Swap.h,定义了 swap 类模板,也可将函数定义和声明合并放类声明内
template < class T >
class A
{
public:
    void swap(T& x,T& y);
};
template < class T >
void A < T >::swap(T& a,T& b)
{
    T temp;
    temp = a;
    a = b;
    b = temp;
}
//main.cpp
# include "A.h"
//预编译时将 A.h 内容读取,替换该 include 行
int main()
{
    A < int > aobj;                              //创建模板类
    int a = 1,b = 2;
    aobj.swap(a,b);
    cout <<"a = "<< a <<";"<<"b = "<< b <<";"<< endl;
    return 0;
}
```

分析上述代码：

（1）编译 main.cpp 时，预编译＃include 首先被处理，将 A.h 文件内容读取替换＃include 行。

（2）扫描 main.cpp 定义对象 aobj 时，传入具体的类型（A ＜int＞ aobj），＜＞体内的 int 将替换 T 用于创建 A＜int＞型的模板类如下，其实就是一个简单的 T 被替换然后展开的过程。

```
class A
{
public:
    void swap(int& x,int& y);
};
void A < int >::swap(int& a,int& b)
{
    int temp;
    temp = a;
    a = b;
    b = temp;
}
```

随后，A <int> aobj 的构造函数调用被绑定为_A@，后续还有对 A<int>::swap 调用的绑定略。

3. 小结

(1) 上述的两类模板分别被称为函数模板和类模板，实际由编译器展开生成的是有着具体实际类型的模板函数和模板类。显然，函数模板和类模板，与模板函数以及模板类，有着一对多关系。

(2) 在使用模板时，须把定义和声明(函数声明与函数定义；或类声明与类成员函数定义)放在一起都放入 h 文件中，这样在实际进行模板函数或模板类生成时能够被编译器正确替换为需要的类型。

(3) 静态多态使得编译器具有实际判断具体类型进行适配的能力，而模板与重载的区别在于：重载是主动提供不同类型的版本；模板则提供了可使用通用类型，在使用时再传递具体类型让编译器去实际创建具体类型版本的能力。前者是由开发者主动预见到地提供了多个不同参数类型和参数个数的同名函数版本；后者是由编译器自动展开生成的。编程人员在书写函数模板和类模板时做了一定的抽象处理，将共性的处理逻辑相同的部分抽取出来，定义了抽象化的函数模板和类模板。

5.2 动态多态

动态多态定义：推迟绑定，在运行时再进行一次运行时绑定。动态多态，即需要再运行时再确定具体调用的函数形式，也称为动态绑定。编译阶段实际没有完成对源代码的目标代码机器化，未竟的事业留待运行到这一句时再动态绑定一次。

动态绑定意味着要编译器在遇到某些函数调用时先放弃静态绑定，所以也称迟滞编译。具体做法是使用 virtual 关键字标识要推迟绑定的函数。virtual 函数作用于成员函数有两层含义：推迟绑定；一旦一个函数定义为 virtual，就意味着它所在的类的派生类可以改写这个函数业务逻辑规则。

1. 动态多态的意义

动态多态的意义在于当使用基类类型的访问形式(但基类指针/基类引用实际关联/指向的对象变化不定)时，该机制提供了更高层次意义上的代码适应变化的能力。

(1) 服务方在基类中定义默认规则给出一个常规的业务处理实现(也可以不定义仅给声明)，该函数定义为 virtual 虚函数，意味着可以被派生类覆盖改写。

(2) 服务方定义多个派生类，定义预见到的不同版本业务逻辑规则实现，实则定义了多个不同的改写。

(3) 客户方可根据业务变化需要定义新的派生类业务逻辑。

(4) 使用基类指针或引用的形式调用该函数。

2. 程序举例

如果希望客户端的代码 p->f()函数调用能实际指向的对象来调用合适的函数版本，

可能会有这样的代码段：

```
class A
{
public:
  void f() {…}
};
class B:public A
{
public:
  void f() {…}
};
class C:public B
{
public:
  void f() {…}
};
⋮
void main()
{
  A *p;
  p = new B();
  p->f();                          //Calling A::f()
  p = new C();
  p->f();                          //Calling A::f()
}
```

尽管前面书写了不同版本的 A::f,B::f 和 C::f,但由于编译器的静态绑定只对类型作检查和绑定,因此在对上述 main 函数内的函数调用做绑定时,都只会绑定为 A::f。如果希望 p→f 能按实际指向对象的 f 函数执行,应使用 virtual 修饰符指示编译器跳过静态编译,推迟到运行时才再次进行绑定：

```
class A
{
public:
  virtual void f() {…}
};
class B:public A
{
public:
  virtual void f() {…}
};
class C:public B
{
public:
  virtual void f() {…}
};
⋮
```

对于一般成员函数而言相似,f 是 virtual 类型意味着禁止对 p－＞f 依据类型的静态绑定，于是推迟到运行时。此时，已有对象内存空间（程序已经运行），在对象内存空间查找到成员函数空间只有新的覆盖版本的 f。如果分配的是 B 对象内存空间，那么就绑定 B::f；是 C 对象，就绑定为 C::f；是 A 对象，就绑定为 A::f。

如果上面的 f 不是 virtual 而是普通静态绑定的函数，两次 p－＞f()都将无视具体指向而只根据 p 类型直接静态绑定为 A::f。这也符合静态绑定的定义：依据类型查找与函数声明原型匹配的函数调用。

例如，假设 Person 基类有一个 getAge()虚函数，Graduate 和 Student 和有同形式的 getAge()覆盖改写函数。程序代码如下：

```
class Person
{ …
public:
  virtual int getAge() { … }
};
class Graduate:public Person
{ …
public:
  virtual int getAge() { … }
};
class Student:public Person
{ …
public:
  virtual int getAge() { … }
};
```

上述代码描述的类间关系如图 5-1 所示，接下来客户端 main 中有如下代码（为方便描述，对每行做了标号）：

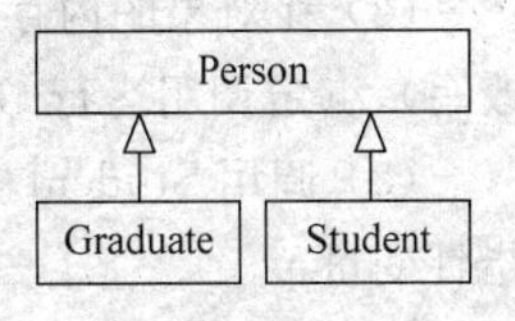

图 5-1 左侧代码类图

```
void main()
{
  Person * p = new Graduate();          //1
  p->getAge();                          //2
  p = new Student();                    //3
  p->getAge();                          //4
}
```

1）错误的编译绑定分析

上述代码，如果不是虚函数的缘故，可以理解为静态绑定，即两次 getAge 调用都是访问基类的 getAge 函数。如果不使用 virtual 修饰基类的 getAge 函数，上述语句在编译期的过程如下（按照对应标号描述）：

（1）依次绑定_Person@Person 和_Graduate@Graduate（发现有 Person 类为祖先、Graduate 为子孙的继承树。由于 Graduate 构造函数的成员初始化表会优先触发基类构造调用，因此按照“基类构造、派生类构造”的顺序依次绑定）；检查赋值兼容性规则（类型相容，成功）。

（2）绑定_Person@getAge（p 类型为 Person *，Person 类声明中有公有 getAge 无参成员函数，静态绑定通过）。

(3) 类似步骤(1),以此绑定为_Person@Person 和_Student@Student；检查赋值兼容性规则因类型相容而通过。

(4) 绑定为_Person@getAge(同步骤(1),编译类型检查绑定为基类绑定)。

2) 正确的编译期绑定分析

但对于 virtual 修饰的虚函数来说并非如此,而是一个两次编译绑定的过程,动态绑定编译期部分过程如下(正确版本):

(1) 构造函数不是虚函数,依次绑定_Person@Person 和_Graduate@Graduate(发现有 Person 类为祖先、Graduate 为子孙的继承树。由于 Graduate 构造函数的成员初始化表会优先触发基类构造调用,因此按照“基类构造、派生类构造”的顺序依次绑定)；检查赋值兼容性规则(类型相容,成功)。

(2) p 类型为 Person *,在 Person 类声明中发现有 virtual 公有 getAge 无参成员函数,推迟绑定,到运行期再说。

(3) 类似步骤(1),以此绑定为_Person@Person 和_Student@Student；检查赋值兼容性规则因类型相容而通过。

(4) 同步骤(2),检查 p 类型所在的类声明,发现 virtual 函数,推迟绑定,到运行期再说。

3) 运行时动态绑定分析

运行时动态编译绑定过程如下:

(1) 调用 Graduate 构造函数,在堆中内存分配一个实例对象,该对象内存首地址赋值给指针变量 p。

(2) 在对象的内存空间(包括数据段和代码段),变量 p 发现有唯一 getAge 函数(覆盖改写),绑定调用运行 Graduate@getAge 函数(注意,运行期检查对象内存进行绑定)。

(3) 调用 Student 类构造函数,在堆中内存分配一实例对象,该对象内存首地址赋值给指针变量 p。

(4) 在对象的内存空间(包括数据段和代码段),变量 p 发现有唯一 getAge 函数(覆盖改写),绑定调用运行_Student@Student 函数(注意,运行期检查对象内存进行绑定)。

4) 运行绑定内存结构分析

更一般化的情形,当在基类 Base 定义了 i 成员和虚函数 f；在派生类定义了新成员 j 和新的 f；然后使用基类指针 p 指向派生类对象时:

```
Base *p = new Derived();                    //(1*)
p->f();(2*)
Derived *q=(Derived)p;
```

上述一般化情形代码在运行时的对象内存结构图如图 5-2 所示。

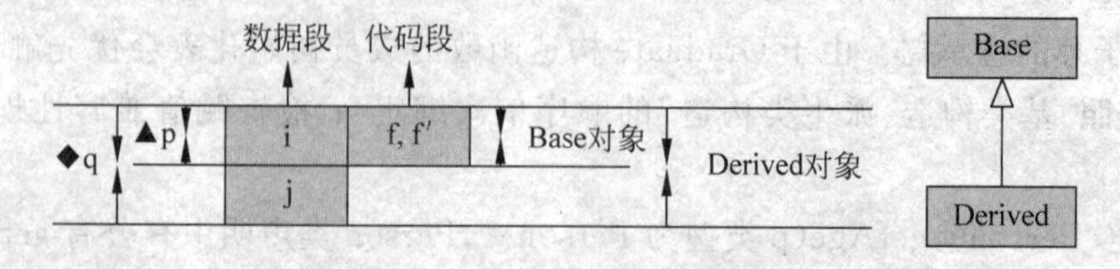

图 5-2 上述代码运行时对象内存结构图

(1) Base类中的虚函数f，被Derived中覆盖改写为f′的内容，但仍占据代码段那块地址范围。

(2) 指针的类型决定了其指向内存的访问上下界。如p是Base类型，那么p获得的对象首地址开始的内存区只能访问▲区域内存；同理，q指针能访问◆区域内存。

发散下去：上面(1＊)标号的代码，即p具体指向Base为根的继承树上哪个派生类对象是需要显式指明而充满变化的，可将其归入另一个函数ex；再将p－＞f这样一个稳定不变的代码归入下面的g函数：

```
void g(A * p)
{ p->f();}
```

如此，p具体指向何对象，由外部的调用函数ex传入决定，即g函数是服务端提供的稳定的代码，能依据外部ex传入的变化自动变化具体p指向，从而调用正确的，希望的派生类相应函数。

将g函数视为服务端代码，编写的代码都要提供给外部的调用方来调用；但p具体指向什么类型的对象是调用方决定的。用C/S模式来形容，编写函数的是提供服务方Server，调用方就是Client，Server希望自己提供的服务能应需而变，但只需变化传入的实参不用重新修改服务代码。观察修改后的版本，即g函数，显然它具有适应变化的能力，因Client的需求而变，Client传递什么样的对象就会调用对应的f业务逻辑。

可以看到，负责编写调用g的代码的部分，也面临着被别人调用，如h函数调用g：

```
void h(A * p)
{ …
  g(p);
… }
```

外推给h的调用者(如i函数)，一层层地将不确定易变的部分外推到外层调用甚至外推到了整个程序入口函数(main)，可理解这种极限情况是推到了与用户直接交互的界面层。设想这样的场景：用户轻拿鼠标，单击下拉框，选择一个具体的类型(如类型B)确定，会在后台执行B::f逻辑……

凡事有利必有弊，virtual动态绑定带来了上面提到的灵活性好处之外，却导致代码可读性下降。例如，上面的例子中在阅读g函数时，不明白调用的是哪个f函数，只有找到最外层的调用体传入的实参(main对i函数的调用)才能确定是调用哪个派生类子孙定义的f业务逻辑。

5.3　函数间关系

5.1节和5.2节讨论了两类多态，包括函数重载、模板和函数覆盖三类常见的多态使用形态。从另一个角度，关于函数间的关系，通过前面的讨论也明白存在着最常见的重载关系、派生类函数对基类同型虚函数覆盖关系，还有一种派生类对内置基类对象的函数间隐藏关系。下面系统地分节阐述函数间关系。

5.3.1 重载

重载(Overload)是指一个类内部同名函数的不同形参形式,或同一名字空间域范围同名函数的不同形参形式。从英文字面上,更应翻译为重(zhòng)载或过载。

函数的重载不能以返回值来作为区分,因为调用时的编译绑定串并不讲返回值类型绑入。若两函数仅返回值不同,则发生该名函数调用时会发生编译错误,提示无法编译绑定成功。

同一类内部的多个同名不同型成员函数间,或同一名字空间同一域的同名不同型全局函数间,都有可能发生函数重载。

例如,下面的程序段:

```
name space lpy
{
   void f() {…}
   int f (int x){…}
   int f() {…}
   class A
   {
     void f() {…}
     void f (int y){ …}
     int f(int) {…}
   }
};
```

说明:

(1) lpy::f()与 lpy::f(int)重载。

(2) lpy::A::f 与 lpy::A::f(int)重载。

(3) lpy::int f()与 lpy::void f()错误的重载,编译扫描到函数调用时错误。

(4) lpy::A::int f(int)与 lpy::A::void f(int)错误的重载,编译扫描到调用时错误。

5.3.2 覆盖

在发生类继承时,就有可能发生函数覆盖(Override,也称为改写)。一旦基类定义了修饰为 virtual 函数的成员函数,那么派生类对象的同名同参成员函数就覆盖了基类函数。也称为派生类对象改写了内置基类对象的函数逻辑。

要正确地使用覆盖,需要注意几点:

(1) 在基类声明一个 virtual 函数,在基类成员函数前加以 virtual 修饰意味着授权派生类改写该函数。

(2) 派生类的函数是基类该 virtual 函数的同型函数,即函数原型(函数声明)完全相同,包括函数类型(即返回值类型)、函数名,和参数形式。

覆盖关系一定发生在派生类对象的成员函数与内置的基类对象同型成员函数之间。由于是同型函数,派生类中 virtual 修饰可省略。

```
class A{ virtual void f(){…}};
```

```
class B: public A{ void f(){ … }};
void main()
{A * p = new B();
p->f();                                          //访问 B::f  }
```

简要回顾5.2节内容，对上述代码做快速分析如下：

(1) 对基类A声明且定义了一个虚函数，意味着它的处理逻辑允许被派生类对象的同型成员函数覆盖改写。

(2) 对p－＞f调用，首先试图静态绑定，然后发现有相容的函数在p指向的类类型中有声明，但为虚，于是将绑定过程推迟到运行时。

(3) 在运行时，在new B的对象内存空间中发现了一个新的覆盖了内置基类对象的f，绑定成功。

5.3.3 隐藏

派生类对象的成员函数有可能隐藏(Hiding)了内置基类对象同名函数，这发生在下列情况下：

(1) 派生类中声明了一个与基类同型的函数，但基类该函数未修饰为virtual函数。

(2) 派生类声明了一个与基类同名的函数却参数不同。

注意：情况(1)不是覆盖关系，情况(2)不是重载关系。

例如：

```
class Base
{
public:
  virtual void f() { … }
  void g(double x) { … }
};
class Derived: public Base
{
public:
  void f() { … }
  int g(int x) { … }
};
void main()
{
  Base * p = new Derived();
  Derived * q = (Derived * )p;
  p->f();                                   //动态绑定，覆盖访问 Derived::f
  q->f();
  p->g(3.5);                                //静态绑定，访问 Base::g(double)
  q->g(3.5);          //静态绑定访问 Derived::g(int),Derived::g(int)隐藏了 Base::g(double)
}
```

从静态绑定和动态绑定快速准确地分析出函数调用绑定，图5-3给出了上述代码的对象代码段内存结构，还可以进一步从内存结构中发掘出有趣的内容。

(1) 当使用p－＞f或q－＞f访问该对象内存时，实质访问的是被覆盖改写了的f′，即

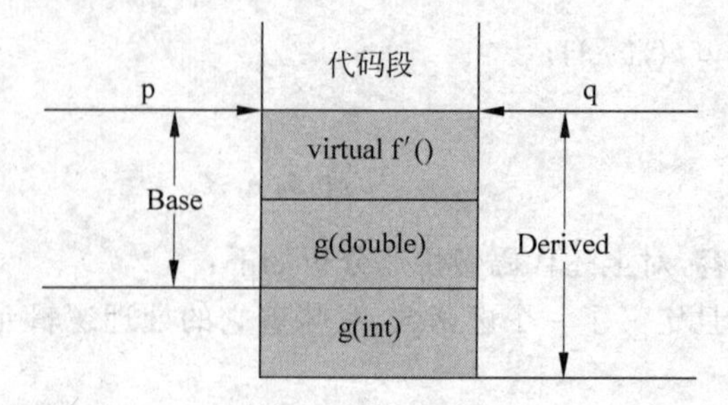

图 5-3 内存结构图

Derived∷f。

(2) 当使用 p－＞g(double)访问该对象内存时,内置的基类对象有相应的函数绑定成功。

(3) 当使用 q－＞g(double)访问该对象内存时,g(double)和 g(int)都存在该内存空间中,规则制定后者隐藏了前者。因此发生一个隐式的类型转换,访问 Derived∷g(int)。

可以看到,直接使用静态绑定和动态绑定的方法进行判断更加准确有效。

最后给出一个程序段,其中关键语句都增加了详尽注释以帮助理解绑定过程。

```
class Ball
{
public:
    int i;
    void f()                                    //Ball:f()
    {
        cout <<"Ball::f()被调用!"<< endl;
    }
    void f(float x)                             //Ball:f(float)
    {
        cout <<"Ball::f(float)被调用!传入的 x 值是 "<< x << endl;
    }
    virtual void g(float x)                     //Ball:g(float)
    {
        cout <<"Ball::g(float)被调用!传入的 x 值是 "<< x << endl;
    }
    void g(double x)                            //Ball:g(double)
    {
        cout <<"Ball::g(double)函数被调用!传入的 x 值是 "<< x << endl;
    }
    Ball(int x): i(x)                           //Ball(int)
    {
        cout <<"Ball 基类的构造函数被调用!"<<"i = "<< i << endl;
    }
    virtual ~Ball()                             //Ball 析构
    {
        cout <<"Ball 基类的虚析构函数,注意它负责销毁 i 的内存!"<< endl;
    }
};

class FootBall : public Ball
```

```
{
public:
    int j;
    void f()                              //FootBall:f()
    {
        cout <<"FootBall::f()被调用!"<< endl;
        Ball::f();                        //被隐藏的基类 f 可以这样被调用
    }
    void f(int x)                         //FootBall:f(int)
    {
        cout <<"FootBall::f(int)被调用!传入的 x 值是 "<< x << endl;
    }
    void g(int x)                         //FootBall:g(int)
    {
        cout <<"FootBall::g(int)函数被调用!传入的 x 值是 "<< x << endl;
    }
    void g(float x)                       //FootBall:g(float)
    {
            cout <<"FootBall::g(float)函数被调用!传入的 x 值是 "<< x << endl;
    }

    FootBall(int x,int y):Ball(x),j(y)    //FootBall(int,int)
    {
        cout <<"FootBall 派生类构造函数被调用!"<<"i = "<< i <<",j = "<< j << endl;
    }
    ~FootBall()                           //FootBall 析构
    {
    cout <<"FootBall 派生类覆盖改写的虚析构,注意它负责销毁 j 的内存!"<< endl;
    }
};

void main()
{
    FootBall *FootBallptr = new FootBall(5,6);
    Ballptr = FootBallptr;
//静态绑定_Ball@f
    Ballptr->f();
//静态绑定_Ball@f(float)
    Ballptr->f(int(5));
//推迟绑定,运行时绑定为_FootBall@g@float
    Ballptr->g(float(1.5));
//Ballptr->g(int(1.5));
//静态绑定_Ball@g(double)
    Ballptr->g(double(1.5));
//静态绑定_FootBall@f,派生类定义的 f()隐藏基类的 f()
    FootBallptr->f();
//静态绑定_FootBall@f(int),派生类 f(int)隐藏基类的 f(float)
    FootBallptr->f(float(1.5));           //静态绑定_FootBall@f@int
/* 派生类的两个 f 函数间,以及基类的两个 f 间都是重载关系;但派生类的 f(int)、f()与基类的
   f(float)、f()间是隐藏关系 */
//静态绑定_FootBall@g@int
```

```
    FootBallptr->g(int(1.5));
//推迟绑定,运行时绑定为_FootBall@g@float
    FootBallptr->g(float(1.5));
/*由于定义析构为虚,派生类因此也为虚,推迟绑定.先调用派生类析构,即运行时先绑定为_FootBall@~
  FootBall 释放 j; 后绑定_Ball@~Ball 在派生类析构结束的尾部释放 i*/
    delete Ballptr;
}
```

可以看到,使用静态绑定和动态绑定的方法能够方便快捷地判定绑定调用的函数;从内存结构分析,还能更好地理解覆盖和隐藏之间的区别。

5.4 针对抽象编程

抽象才能适配变化多端的具象。因此,希望代码内部能够不加修改地适应外界调用变化,只能使用相对抽象的函数参数类型。结合面向对象语言多态的支持,具体来说,有静态多态和动态多态两种做法。函数重载的多态形式不够灵活,需要 Server 服务端提前预见可能有的多种逻辑,使用不同的参数类型或个数来定义多个版本,缺乏弹性。这种做法无法准确预见未来的需求,且需调用方记忆不同的参数个数、参数类型、参数顺序等信息(稍有错误就得不到希望的结果)。模板是由编译器自动提供生成具体模板函数或模板类的好做法,但不能处理不同具体类型一起适用的情况:每传递一次具体类型,就会生成一次彼此独立的该特定类型函数或对象。

1. 针对抽象编程的方法

真正具有广泛实际意义的针对抽象编程,是指借助继承带来的动态多态:

(1) 估计容易变化的点,将其设计为稳定接口,作为基类包含的成员函数。

(2) 每当变化来临,交给用户定制一个新的派生类,该类包含一个新的接口实现函数。

2. 程序举例

以一个自动化养猪场为例:该养猪场主要有两种猪的品种(A 和 B),饲料有玉米、大豆和秸秆,不同品种的猪有着不同的饲料配比。现引进机器人自动化开展养殖,对可编程控制器进行编程,初始设计的系统类图如图 5-4 所示。

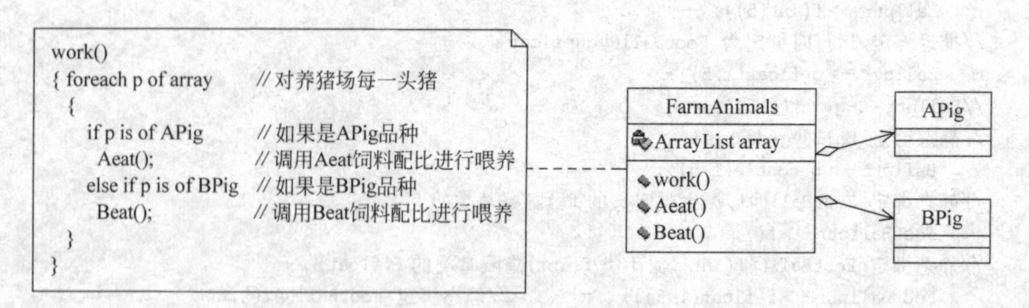

图 5-4 自动化养猪场类图

为提高内聚性(参见 6.4.2 节),改良的类图如图 5-5 所示。

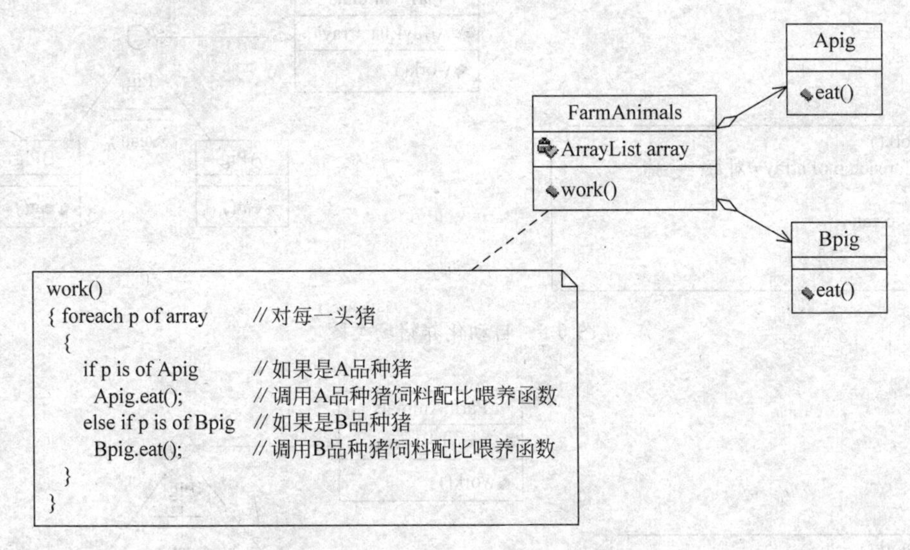

图 5-5 改良自动化养猪场类图

图 5-5 中所示的方案是硬编码(Hard Code)的方式,直接判断每头猪的品种然后调用不同的函数进行饲料配比的喂养。缺陷在于当有新的猪品种时,除定义新 eat 函数外,机器人工作 work 函数也需要重新编写插入新的 if…else 判断逻辑。

问题在于:

(1) 对于用户而言,每当使用该系统的养猪场有新的品种猪需要喂养,该系统就必须停机,然后返回开发企业重新编程。当养猪场规模小时还可以人工紧急应对,规模到了一定程度时自动化系统停机会给养猪场带来不可想象的毁灭性经济损失。

(2) 对于开发企业而言,每当需要修改,就会面临越来越多需要理解的历史上的 if…else 判断逻辑。如果猪的品种越来越多,"工作"函数的判断逻辑就会越来越复杂,修改时需要理解的工作量直线上升,容易出错。"改错是相对容易的,问题难在发现何处错了",work 函数代码过于冗长,找到错误之处不容易,因而导致修改代价高。

图 5-5 比图 5-4 稍进步一点在于,将机器人的内聚性进行了提高,降低了机器人的部分职责,将其部分职能分离到了 A 和 B 这两个猪品种类中。但从用户和开发企业两方面来说,两者没有不同,都缺乏应对猪品种变化的能力。

从上述的缺陷讨论中可以得到改进启发,应该预先估计容易变化的需求。为此设计了如图 5-6 所示的新方案:预先估计容易变化的需求是猪品种的变更,设计稳定的抽象层接口 Pig,并将容易变化的需求功能(不同的 eat 饲料喂养函数)作为多个派生类(不同的猪品种)覆盖改写的功能函数。

如图 5-6 所示的新方案成功克服了不能应对猪品种变更的缺陷。当有新的猪品种需要增加时:对于用户而言,不影响现有猪品种的继续喂养,养殖机器人无须停机(work 函数无须修改),并可自主实现新的猪品种的喂养 eat 函数,当需要投入新品种猪时迅速切换加入新类对象即可;对于开发企业而言,没有任何需要维护的工作量,用户可完全自主维护。

如图 5-7 所示,当增加了一个 C 品种猪,用户自定义一个新的 CPig 类,该类提供新的接口函数 eat 的实现以新的饲料配比函数,无须修改 FarmAnimals 服务端代码。

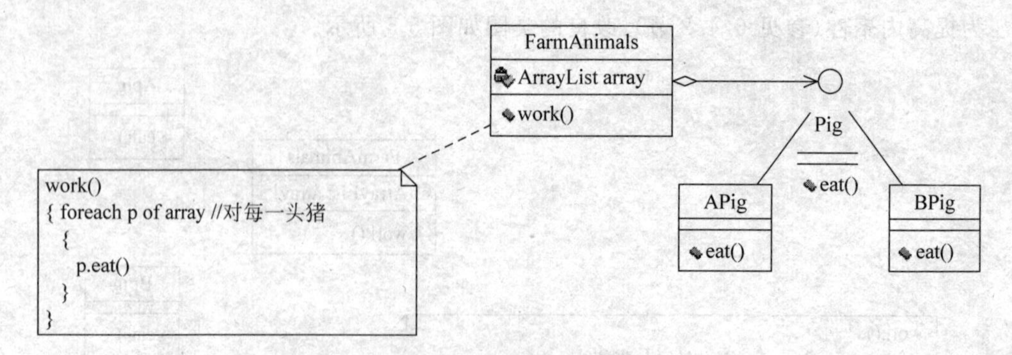

图 5-6 自动化养猪场类图

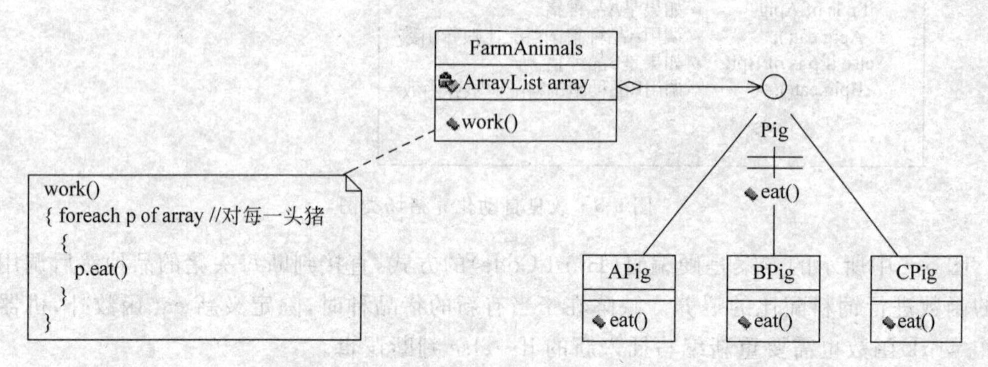

图 5-7 适应新品种的自动化养猪场类图

(3) 再举一个“应需而变”的例子。现有一通用栈的需求,要求能适应任意类型的自定义数据出栈和入栈。

分析需求发现,客户要求能自定义任意类型的数据使用该通用栈,自定义数据类型就是变化的需求。

① 为此构造一个抽象接口类型 BaseType,并约定客户希望出入栈的任意自定义类型数据必须实现这个接口。当有新类型要求使用栈时,实际就是该接口的一种接口实现,由客户自行扩展接口实现。

② 对服务端需提供的栈来说,定义对 BaseType 类型适用的出入栈操作即可。由于 Client 通过稳定的接口函数 push/pop 来操作栈,因此该栈模块无须修改可通用。

③ 当发生新的数据类型要出入栈时,客户定义新的类型类继承实现 BaseType 接口,然后可以直接使用栈压入和弹出该类型数据,如图 5-8 所示。

在图 5-8 中,居于下方的 IntType、FloatType 等自定义类型是由 Client 依据 BaseType 接口自行扩展的类,居于上方的 Stack 和 Node 是服务端封装的类。当有新的类型需要使用这个栈时,用户自行扩展新类。

3. 小结

针对抽象编程虽然使得程序可读性降低,代码不再是“看山是山,看水是水”,但变化的客户端编码与稳定的服务端编码分工鲜明,有利于软件系统开发分工和代码维护。在 5.2 节末尾提到,正在编写 f 方法的程序员应视自己为服务端尽量稳定不变,而调用 f 的 g 方法

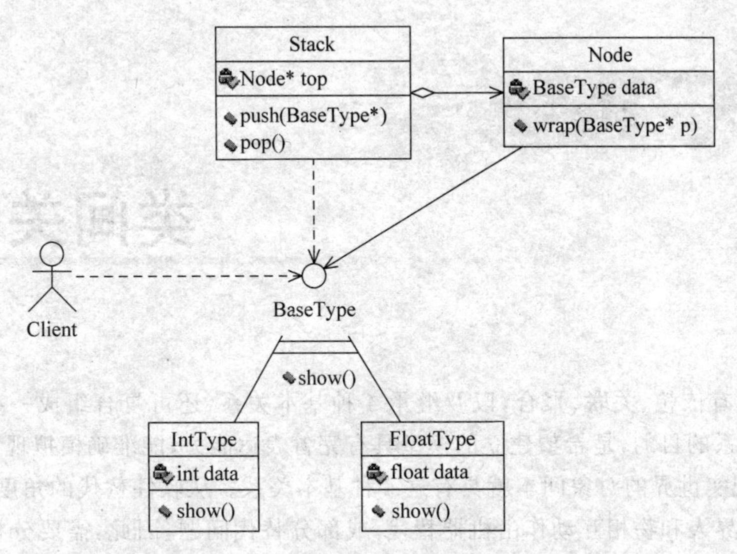

图 5-8　通用栈受保护变化模式

在向外推的层次上也是一个服务端的服务应尽量稳定不变……以此类推，最终的变化都外推到以 main 函数为代表的用户程序界面上，即由用户操作界面传递具体的参数细节，从而引发由外向里相应地各层服务端以不变应万变的响应。或者说，变化的是外层的调用者，稳定的是提供服务的服务端。模型契合软件设中"拥抱变化"原则：不应限制用户使用系统的死板方式，并提供用户灵活使用系统的不同响应。

第6章 类间关系

对象间具有依赖、关联、聚合，以及继承4种基本关系（还可复合组成一些复杂关系）。提出这4种关系的目的，是希望建立的模型具有完备表达能力，能准确模拟现实世界对象系统；或者说，现实世界的对象间本就具有这4种基本关系。从软件替代的角度来说，软件解决的是现实世界人和物相互动作由机器替代，或部分替代问题，因此，需要分析现实世界的人和物互动，然后用软件代码来模拟。

从现实对象来看，对象间如果发生联系，称为耦合关系。它不外乎包括IS继承关系和USE使用关系：IS关系，表示一个对象继承来自另一个更本质特征的对象的特征，并加入了新的特征；USE关系，则表示两个对象间发生着消息传递（类似函数调用）的使用关系。

围绕继承和使用两大类关系，本章还将对程序依赖问题、低耦合与高内聚，以及消息通信机制展开深入阐述。

本章重点：继承、USE关系、程序依赖问题、低耦合与高内聚。

难点：程序依赖问题、消息通信机制。

6.1 继承关系

基类代表一个普遍、抽象的概念，派生类代表具体、特殊性的范畴，因此，一个派生类对象是一个基类对象；或者说，一个派生类对象具有基类的基本特征足以称为一个基类对象。把这种继承关系可以形象化地称为IS-A关系。

6.1.1 IS-A的软件复用含义

事物可由一般性特征扩展为具有新特征的新事物，从语义上来说，对象具有的一般的特征，可抽象为基类的属性；特殊性、更具体化的特征则可派生为子类的属性。例如，“由人→学生→大学生”就是一个逐步添加新特征形成新类/对象的过程。反过来，可由多个类似的事物归纳出具有共同特征的基础事物，如大学生是一个学生、中学生是一个学生，这是一个从特殊抽取出一般共性的过程，也称为泛化过程。

从继承来说，这是一个从抽象到具体的过程；从泛化来说，可以虚构具有基础特征的共同父类对象。面向对象编程语言具有动态多态针对抽象编程的特点，因此泛化很有意义。从编程来说，先定义基类，而后定制不同的具体派生子类。从面向对象分析来说，现实世界只有具体事物对象，后来从设计角度考虑才虚构了抽象的父类。从哲学范畴来说，泛化给出了“鸡生蛋或蛋生鸡”哲学问题的一种解释(鸡生蛋：父类→派生类；蛋生鸡：派生类→父类)。

1.2.5节还提到继承复用：由于继承的出现，当某类/对象需要具有一种功能而另类已有该功能的实现时，可以直接继承复用该类——虽然不能得到其实现代码细节，但能直接“为我所用”。6.2.4节将对该复用形式做出更好的改进，即采用“聚合优先于继承”法则。

如果将基类定义为一个接口，那么它必然是保持稳定的；再使用诸多接口实现充当派生类，客户如果通过基类接口的多态虚方法访问系统，实际是访问各派生类对象的同名方法。也就是说，虽然客户调用基类形式依赖于基类，但实际是基类接口依赖于派生类的接口具体实现，该现象被称为依赖倒置(参见6.1.4节)。

6.1.2　继承改写子类成员访问控制符

4.3节提到使用访问控制符来对特征(名词属性特征数据成员、动词属性特征成员函数)施加访问控制。访问控制符本质是一种访问授权，C++语言具有三层结构的授权机制，具体如下：

(1) public最大权限“不设防”。

(2) private最小权限“仅对内提供授权开放”。

(3) protected中等权限“仅对子类和内部提供授权开放”。

在具有继承关系时，派生类拥有一个内置的基类对象，那么，继承得自基类对象的特征的访问控制，派生类对象应有机会改写内置基类对象特征的访问属性。C++语言具有三种继承时改写内置基类对象特征访问属性的方法，也称为三种继承方式。显然，对于基类原定义的访问属性，派生类继承时的改写也只能秉承“只能缩小降低，不能扩大升级”的原则。三种继承方式(三种改写方法)如下：

1. public继承

public继承是使用最多的继承方式，当派生类公有继承基类时，内置基类对象的所有特征的访问属性均保持不变。

(1) 基类对象中原来public访问属性的，现仍为public访问属性。

(2) 基类对象中原来protected访问属性的，现仍为protected访问属性。

(3) 基类对象中原来private访问属性的，现仍为private访问属性。

2. protected继承

protected继承方式会缩小访问授权，采用一种降级策略。

(1) 基类对象中原来public访问属性的，现降级为protected访问属性。

(2) 基类对象中原来protected访问属性的，现仍为protected访问属性。

(3) 基类对象中原来private访问属性的，现仍为private访问属性。

3. private继承

private继承方式会最小化限制授权，或者说关闭内置基类对象所有特征对派生类对象的授权。

(1) 基类对象中原来 public 访问属性的，现降级为 private 访问属性。

(2) 基类对象中原来 protected 访问属性的，现降级为 private 访问属性。

(3) 基类对象中原来 private 访问属性的，现仍为 private 访问属性。

public 继承程序段举例：

```
class A
{
public:
  int i;
protected:
  int j;
private:
  int k;
};
class B:public A
{
public:
  //A::i 是 public 访问属性，可在子类 B 内部被访问
  int geti()
  {
    return i;
  }
  //A::j 是 protected 访问属性，可在子类 B 内部被访问
  int getj()
  {
    return j;
  }
  //A::k 是 private 访问属性，不能在子类 B 内部被直接访问
  int getk()
  {
    return k;
  }
};
void main()
{
  B objb;                                    //默认缺省构造被调用
//A::i 是 public 访问属性，可在类外部被访问
  objb.i++;
// 错误，A::j 是 protected 访问属性，不可在非子类 B 和本类 A 外部被访问
  objb.j++;
//错误，A::k 是 private 访问属性，不可在类 A 外部被访问
  objb.k++;
//B::geti 是 public 访问属性，可在 B 外部被访问
  objb.geti();
//B::getj 是 public 访问属性，可在 B 外部被访问，继续注意 getj 内部逻辑
  objb.getj();
//错误，B::getk 是 public 访问属性，可在 B 外部被访问，但继续注意 getk 内部逻辑出错
  objb.getk();
}
```

上述分析标注在注释中。由于发生继承，不能仅查看最外层调用 main，还要跟踪到 B 派生类内部查看其对内置基类特征的访问属性。由于 B 是 public 继承 A，因此 A 对 B 的访问授权并未缩小，B 类能看到的基类特征仍具有之前的访问属性。

下面对 protected 继承给出程序段示例，为节省篇幅，仅列出与上面程序段的不同处，详细代码如下：

```
class A
{…};
class B:protected A
{
public:
//A::i 被派生类对象缩小为 protected 访问属性，可在子类 B 内部被访问
  int geti()
  {
    return i;
  }
//A::j 仍是 protected 访问属性，可在子类 B 内部被访问
  int getj()
  {
    return j;
  }
//错误，A::k 是最小 private 访问属性，不可能再被授权缩小，也不能在类 A 外部被直接访问
  int getk()
  {
    return k;
  }
};
void main()
{
…
//错误，A::i 在派生类对象 obj 看来，已被缩小为 protected 访问属性，不可在类外部被访问
  objb.i++;
/* 下面的语句合法，因为对基类 obja 对象来说，obja.c 仍是 public 访问属性
  A obja;
  obja.i++;
*/
/* 这样的语句也合法，obja.c 仍是 public 访问属性
  A pobja = (A*)&objb;
  pobja->i++;
*/
}
```

注意：main 中 B::geti 的访问获得成功，而 objb.i 却未能成功，原因在于 i 成员在继承被派生类对象 objb 拿到时，objb.c 已经被缩小授权为 protected 访问属性，因此只能在类内部或子类内部 i 被访问；恰好 B::geti 对 A::i 的访问属于子类内部对基类成员的访问。

继续对 private 继承给出程序段示例，同样仅列出不同处，详细代码如下：

```
class A
{…};
```

```
class B:private A
{
public:
//错误,A::i 被派生类对象缩小为 private 最小访问属性,在 A 类外部不可直接访问
  int geti()
  {
    return i;
  }
//错误,A::j 被派生类对象缩小为 private 最小访问属性,在 A 类外部不可直接访问
  int getj()
  {
    return j;
  }
//错误,A::k 是最小 private 访问属性,不能再被授权缩小,不能在类 A 外部被直接访问
  int getk()
  {
    return k;
  }
};
void main()
{
⋮
/*错误,A::i 在派生类对象 objb 看来,已被缩小为 private 最小访问属性,不可在类 A 外部被直接
   访问*/
  objb.i++;
/*下面的语句合法,因为 obja.i 仍是 public 访问属性
  A obja;
  obja.i++;
*/
/*这样语句也合法,因为 obja→i 仍是 public 访问属性
  A pobja = (A*)&objb;
  pobja->i++;
*/
/*错误,A::j 在派生类对象 objb 看来,已被缩小为 private 最小访问属性,和 objb.i 的访问一样,
   不可在类 A 外部被访问*/
  objb.j++;
  …//objb.k 不变
//错误,B::geti 可在此处被访问,但 geti 内部访问的是降级缩小为 private 访问属性的 A::i
  objb.geti();
//错误,同 B::geti 错误
  objb.getj();
  …//objb.getk 不变
}
```

由于采用了 private 继承方式,派生类对象内置的基类对象中所有特征访问属性,均被缩小为最小的 private 访问属性(private 不变,public 和 protected 访问控制符修饰的基类特征被缩小为 private)。因此,原可以在派生类 B 内部访问基类修饰为 public 和 protected 的语句(B::geti 和 B::getj)现在均出错。

6.1.3 继承带来的麻烦与问题

继承是 C++ 语言最广受争议的机制，其带来强大的编程便利的同时，又伴随着一些麻烦。

1. 多基类间的同名属性冲突

多继承允许一个子类有多个父类，当多个父类有着同名的属性或方法时，派生类对象对该名属性或方法的访问会静态绑定失败，称为多继承的同名属性冲突。

对于同名属性冲突，可以使用类域前缀区别访问。例如，下面的程序例子：

```
class A
{
public:
  int i;
  A()
  {
     i = 10;
  }
};
class B:public A
{
public:
   int i;
   int geti()
  {
    return i;
  }
  B()
  {
     i = 20;
  }
};
void main()
{
  B obj;
  cout << obj.geti()<< endl;
  cout << obj.i << endl;
}
```

上面的程序段中，派生类 B 有属性 B::i 与基类 A 属性 A::i 同名，并没有发生同名属性冲突是因为 obj. geti 或 obj. i 的静态绑定访问的是 B::i。下面的程序段则有所不同：

```
#include < iostream.h >
class A
{
public:
  int i;
  A()
```

```
    {
        i = 10;
    }
};
class B
{
public:
    int i;
    B()
    {
        i = 20;
    }
};
class C:public A,public B
{
public:
    int geti()
    {
        return i;
    }
};
void main()
{
    C obj;
    cout << obj.geti()<< endl;
    cout << obj.i << endl;
}
```

C作为派生类继承了A和B,基类A和基类B中各自有着public属性A::i和B::i。于是当发生C类实例obj访问obj.i或obj.geti时,静态编译时会试图绑定C::i,可是C中并没有C::i这样的属性,向上查找会发现A和B作为基类都有public访问属性的i成员被派生类B获得访问授权,于是对访问obj.i或obj.geti时,到底绑定哪一个i成了大问题,编译器会报错。由于多继承的多个父类间是互不感知对方的,因此这种冲突在广泛使用多继承时发生概率并不小。

加上类域控制符后可以避免以下错误,但这只是一种后知后觉地修补,即发现程序多继承的多个基类中有同名属性后的补救行为。程序段如下:

```
class A
{
public:
    int i;
    A()
    {
        i = 10;
    }
};
class B
{
public:
```

```
    int i;
    B()
    {
      i = 20;
    }
};
class C:public A,public B
{
public:
  void geti()
  {
      cout <<"A::i 值为: "<< this->A::i << endl;
      cout <<"B::i 值为: "<< this->B::i << endl;
  }
 };
void main()
{
  C obj;
  obj.geti();
}
```

2. 多基类带来的“菱形问题”

当一个子类有的多个父类间有着亲缘关系时，它们的继承图会形成一个闭合多边形。当实例化底层派生类叶子节点对象时会出现菱形问题。

图 6-1 给出了水陆两栖交通工具造成“菱形问题”的一个例子。

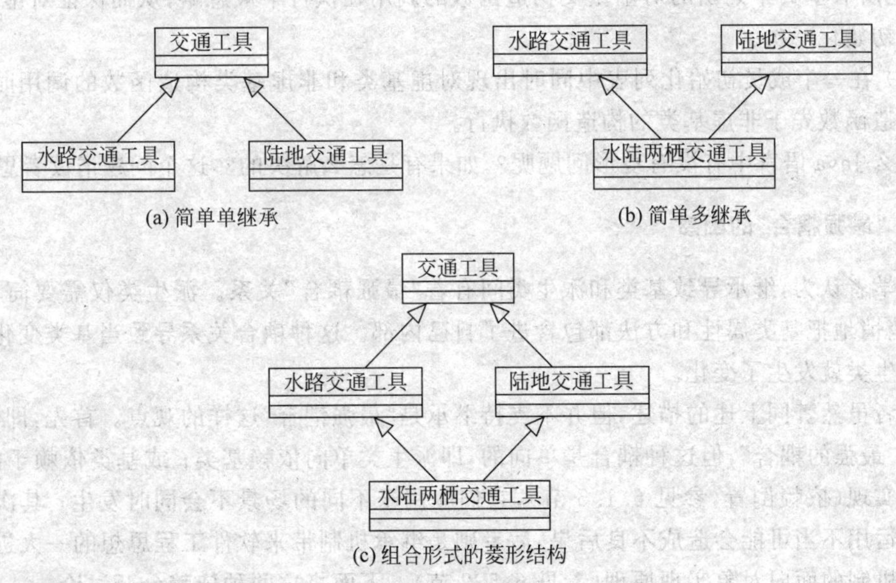

图 6-1 菱形结构的多继承

闭合多边形在极端情形是一个三角形，如图 6-2 所示。无论如何，闭合结构的多继承导致最远端子类对象实例化与现实相悖。当实例化一水路两栖交通工具时，按照不同的继承路径会两次分配和初始化来自基类的成员，即一个派生类对象内置两个(以上)基类对象，这个现象可通过构造函数的跟踪得出。可设想一个具体场景，假设交通工具有发动机成员（发动机铭牌号标识了唯一性），那么一艘水陆两栖交通工具将有两台发动机？这类问题，统一被称为“菱形问题”。

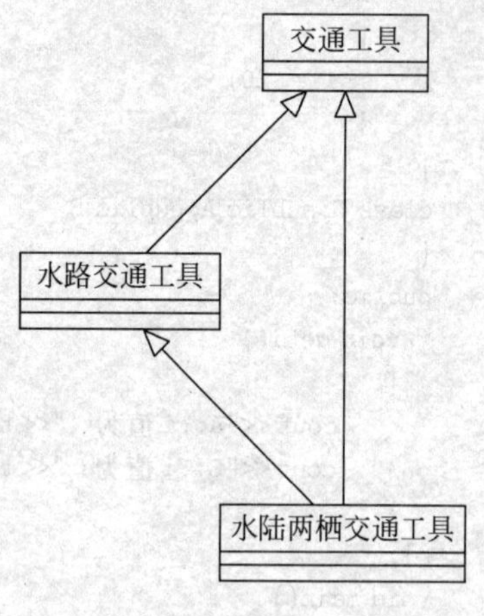

图 6-2 三角形结构的多继承

C++语言编译器解决菱形问题的做法是，在书写派生类声明时，使用 virtual 关键字紧跟着要继承的基类名，用于修饰继承。实际在运行时会创建虚基类——这种类不是编译确定的，而是运行时类似于虚函数的动态绑定一样，虚基类生成的对象具有动态检查内容的能力，确保是单例不会生成多个。有关虚基类，要点归纳如下：

(1) 一个类可以在一个类族中既被用作虚基类，也被用作非虚基类。

(2) 在派生类的对象中，同名的虚基类只产生一个虚基类子对象，而某个非虚基类产生各自的子对象。

(3) 虚基类子对象是由最远派生类的构造函数通过调用虚基类的构造函数进行初始化的。

(4) 最远派生类是指在继承结构中建立对象时所指定的类。

(5) 派生类的构造函数的成员初始化列表中必须列出对虚基类构造函数的调用；如果未列出，则表示使用该虚基类的默认构造函数。

(6) 从虚基类直接或间接派生的派生类构造函数，它们的成员初始化表都要列出对虚基类构造函数的调用。但仅使用建立对象的最远派生类的构造函数来调用虚基类的构造函数，其他所有基类中列出的对虚基类构造函数的调用在执行中被忽略，从而保证对虚基类子对象只初始化一次。

(7) 在一个成员初始化列表中同时出现对虚基类和非虚基类构造函数的调用时，虚基类的构造函数先于非虚基类的构造函数执行。

那么 Java 语言中有没有菱形问题呢？如果有是怎么解决的？这个问题请读者思考。

3. “最强耦合”的困惑

有学者认为，继承导致基类和派生类间有着“最强耦合”关系。派生类仅需要简单的继承，就悄悄地把基类属性和方法都包含进了自己内部。这种耦合关系导致当基类变化时，实际上派生类就发生了变化。

笔者虽然赞同上述的描述，但并不支持继承是“最强耦合”这样的观点。首先，即便继承带来了“最强的耦合”，但这种耦合是单向的，即派生类单向依赖基类；或基类依赖于派生类的具体实现（依赖倒置，参见 6.1.5 节），它们应用于不同的场景不会同时发生；其次，前一种依赖运用不当可能会造成不良后果，后者则是继承机制带来软件工程思想的一大进步，也是回调机制的面向对象实现原理（参见 6.5.2 节）。下面将这两种依赖分开讨论。

1) 派生类依赖基类

支持继承导致基类派生类间“最强耦合”的人认为，基类变动后，派生类就默默地自动变化，因此派生类强烈、完全、黑暗地依赖于基类，而基类很可能对派生类的存在一无所知。

为消去这种依赖，一般来说，基类应尽量保持稳定不变，如确因需求复杂化需要变更基类，或者说为了避免基类今后继续较为频繁的变更，可考虑将原派生类继承基类的代码修正为去继承一个更抽象的基类，即增加一层更抽象的原基类的基类。以 5.4 节举的面向对象养猪场来说，猪这个基类是稳定的，客户端引入养殖的不同品种猪对基类是不可知的；万一哪天养猪场还要养鱼、养羊了，就应考虑抽象更高层的动物 Animal 来做顶层基类了。

2）基类依赖派生类的不同实现

这不能成为攻击继承机制的理由，与之相反，这是动态多态对程序开发的极大贡献。从分层来看，终端客户传入的是变化自定制的派生类对象参数，但服务端是针对抽象编程编写的以不变应万变的抽象通用版本。因此，客户的访问请求是一个"终端客户→基类服务→客户定制服务"的过程。终端客户、基类服务，以及客户定制服务很可能对应着产业链条上的三方：用户、基础服务商、系统集成商；当然也可将其视为简化的两层客户/服务器模型。

4. 透明继承树的应用权衡

1）透明继承树的定义

继承使得客户能以统一的基类形式访问所有派生类，让客户程序能透明、无障碍地访问不同层次的类，这是面向对象语言提供继承机制的主要意图。如果分配职责时将全部职责都抽象化放入一个虚构的基类，这种继承树称为透明继承树。

图 6-3 所示是一棵与动物相关的透明继承树，在最高层的抽象类"动物"定义了适用于所有动物的接口，让所有动物都能用一种类型的指针或引用来针对抽象编程。如图 6-4 所示，"动物"接口定义了"叫"与"飞"两个纯虚函数，"鸟"和"狗"这两种派生子类给予了各自实现。

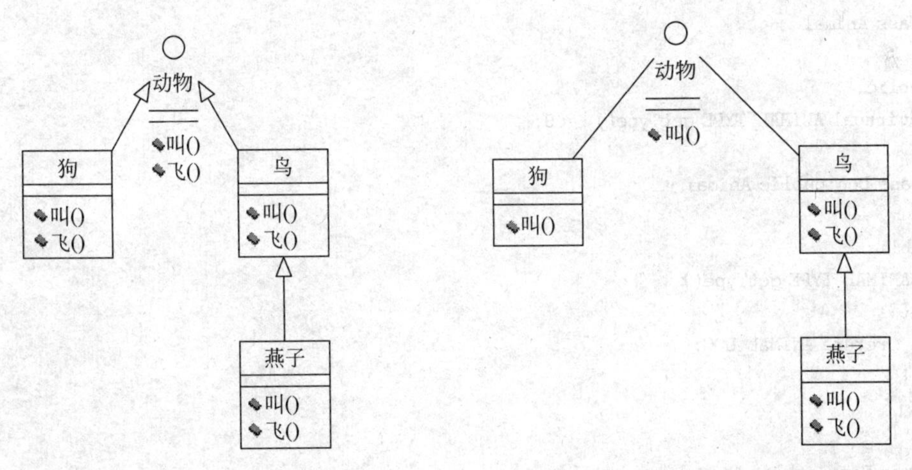

图 6-3　职责不清的透明访问树　　　　图 6-4　职责清晰的继承树

2）透明继承树的缺陷

透明继承树虽然方便了客户使用，但有如下缺陷：

（1）狗显然并不会飞，虽然可以对"狗::飞"设计为输出"对不起，我不会飞"，但本就不应存在的"狗::飞"函数有职责不清的嫌疑。

（2）如果动物种类较多，而每种动物的特定行为都抽象出来放到接口中，那么这个抽象类就变得非常庞大。

合适的设计是在透明访问和职责分配间找到平衡，将接口分散到不同层次的抽象类中去，形成图 6-4 中的继承树。"飞"是定义在抽象类"鸟"中的纯虚函数，只有鸟的派生类需要实现这个接口。因此，每个具体的动物类都只实现和自己相关的行为，职责非常清晰，但也给客户访问带来了些许麻烦。例如，一个客户程序得到了一个动物对象的指针，它要判断是不是指向鸟（鸟或燕子）的指针，如果不是，那么就不能调用"飞"这个函数。也就是说，客户要首先判断对象指针指向的究竟是什么，如果那是一个"鸟"或"鸟"派生类对象的实例（燕子的实例），就可以大胆调用"飞"这个函数，否则就不能调用。

上面提到的判断类型以及类型转换的新问题，都是继承带来的。透明访问必然带来职责的不清晰，但职责清晰的类图结构又缺乏从根对象透明访问的便利，因此只有折中权衡。

3）安全的类型转换

关于安全的类型转换，已知派生类对象 IS-A 基类对象，但反过来基类对象 IS-A 派生类对象，因此需要强制类型转换。但这种转换是需要冒程序崩溃的风险的，为保证类型转换的安全，C++语言标准提供了两种方法：

（1）自定义类型标识用于返回各自类型信息。

为整棵继承树增加一个名为 getType 的虚函数，用于返回各个类的类型信息。示例代码如下：

```
typedef enum
{
  ANIMAL_ROOT,ANIMAL_DOG,
  ANIMAL_BIRD,ANIMAL_SWALLOW
} ANIMAL_TYPE;
class Animal
{
public:
  virtual ANIMAL_TYPE getType() = 0;
};
class Dog:public Animal
{
public:
  ANIMAL_TYPE getType()
  {
    return ANIMAL_DOG;
  }
  ⋮
};
class Bird:public Animal
{
public:
  ANIMAL_TYPE getType()
  {
    return ANIMAL_BIRD;
  }
  ⋮
};
```

```
class Swallow:public Bird
{
public:
  ANIMAL_TYPE getType()
  {
    return ANIMAL_SWALLOW;
  }
  ⋮
};
```

为每棵继承树上的类都加上了一个虚函数返回当前类的信息，这是因为类是自明的，而虚函数又是运行时覆盖改写原类型的同名函数，因此采用 getType 方法，是能够获得准确的实际对象类型的。

例如：

```
Bird * pb = new Swallow; pb->getType();
```

实际返回的是 ANIMAL_SWALLOW 类型。

(2) 使用 RTTI 运行时类型信息进行指针类型转换或类型比较。

运行时类型信息(Run-Time Type Information，RTTI)是 C++语言标准较新的特性，某些编译器可能不支持(Visual C++ 6.0 的 SP6 版、VS.NET 均支持，但需要把编译器的/GR 开关选项打开)。应用程序可使用两种方式发挥 RTTI 的功效(Visual C++ 6.0 中配置方法为 project→settings→c/c++ tab→category[c++ language]→Enable RTTI)：

① 使用 dynamic_cast 表达式可将指针安全地进行转换。

转换成功直接获得该类型指针，转换失败返回 NULL 指针而不至于引起系统崩溃。

② 使用 typeid 表达式比较两个类型。

typeid 操作符(不是函数)可用于任意类型变量(包括指针或引用)的类型获得，表达式结果是一个 type_info 结构体变量，继续访问 name 属性可获得类型名，但该类型名是访问虚函数表获得的内部类型名，与系统已定义的类名不一致。一般采用比较两个 typeid 表达式形式来进行类型判定比较，而不直接使用 name 属性表示的内部类型名。

例如：

```
Animal * p = new Bird();
if (typeid( * p) == typeid(Animal))          //当有虚函数在基类存在时为 false,否则 true
Animal &q = new Dog();
if (typeid(q) == typeid(Animal))             //当有虚函数在基类存在时为 true,否则 false
```

上述测试代码要在 CPP 文件头 # include ＜typeinfo＞，否则找不到 typeid 操作符定义。

从上面的代码结果可见，typeid 与自定义类型标识在实现原理上是一样的，都需要借用虚函数表。如果虚函数表不空，那么某基类的指针或引用就能够动态决定地找到实际指向的类型，否则就只能找到静态编译类型。

5. 动态变更类的某些特征

继承是在编译期间通过静态绑定实现的，仅使用继承机制无法在程序运行时动态改变属性或方法的绑定关系，这对于一些需要支持动态变化的需求来说，显然不能满足。这时，可考虑使用聚合、委托等关系的组合来实现类间的复杂相关性以满足这样的动态需求，6.2.4节中有一个使用聚合替换继承实现动态装载属性的例子。

6.1.4 开闭原则

开闭原则是最基础和重要的面向对象设计原则，该原则要求代码模块应容易扩展，但在扩展的过程中，无须改动已有的代码，这里所说的模块包括类和函数。当需求变化时，不要试图去修改模块函数内部，因为内部逻辑复杂修改代价高，或无法拿到源码不能修改。

对于C语言函数来说，如果需要变更功能，那么新写一个函数远比修改已有的函数要容易，并且不易出错。只要保持客户调用方式的稳定，如使用函数指针，就可以保证虽然调用形式不变，但指向调用的是新的实现（编写的新函数）。

例如，下面的程序段：

```
void mapping(int ( * pfunc)(void * a,void * b))
{
  cout <<"比较大小结果是: "<< pfunc(a,b)<< endl;
}
void main()
{
  int a = 3,b = 5;
  mapping(compare,&a,&b);
}
int compare(void * a,void * b)
{
   cout <<"int 版本比较"<< endl;
   if ( * (int * )(a)> * (int * )(b))
       return 1;
   else return 0;
}
```

这时，假定有新的需求出现，要求 compare 函数还能比较两个 A 类型对象值 value 大小。修改 compare 本身是不合适的，原因如下。

(1) 可能编程人员仅提供了 compare.obj 这样一个目标文件，却没有提供 compare 源码，客户可以使用 main 调用和测试提供的模块函数，却无法修改。

(2) 有 compare 这样的源码，但直接在 compare 内去掉原有的逻辑是不对的，因为需求是要求既要支持原来的 int 数的比较，又要增加对 A 对象的大小比较。

(3) 能预见类似的新增需求总是会出现的，修改 compare 的次数一旦频繁，难免在 compare 内部的 if…else 逻辑会越来越长和复杂。

下面是一种修改 compare 的策略：

```
class A
{
  int value;
public:
  A(int data)
```

```
    {
      value = data;
    }
    int getValue()
    {
      return value;
    }
};
int compare(void * a,void * b,int flag)
                    /* 比较大小函数,可比较 int 和 float,以及已定义类型对象值的大小 */
{
    switch(flag)                          //flag 是传入标志,标识具体类型的数据比较
    {
      case 1: {
        cout <<"int 版本比较"<< endl;
        if ( * (int * )(a)> * (int * )(b))
            return 1;
        else return 0;
      }
      case 2: {
        cout <<"float 版本比较"<< endl;
        if ( * (float * )(a)> * (float * )(b))
            return 1;
        else return 0;
      }
      case 3: {
        cout <<"A 对象版本比较"<< endl;
        if (((A * )(a)) -> getValue() > ((A * )(b)) -> getValue())
            return 1;
        else return 0;
      }
      //case 4: { … }
      ⋮
    }
}
void main()
{
    A a(5),b(6);
    int c = 10,d = 11;
    cout << compare(&a,&b,1)<< endl;
    cout << compare(&c,&d,3)<< endl;
}
```

对于客户来说,随着要比较数据类型的增加,需要记忆的量也增大了,需要清楚记忆不同的 flag 值标识的含义;对于提供 compare 函数的程序开发者来说,需要留心 switch…case 结构日益庞大不要改错了地方和逻辑,可能有新的类型比较时不小心把别的类型比较改错了。

总之,"对修改封闭,对扩展开放"是一种很好的编程思想,通过增加新函数而不是去修改已有函数来降低维护修改复杂度。

映射函数的程序如下：

```
void mapping(int ( * pfunc)(void * a,void * b))
{
  cout <<"比较大小结果是: "<< pfunc(a,b)<< endl;
}
int compareInt(void * a,void * b)               //整型版本的比较函数
{
    cout <<"int 版本比较"<< endl;
    if ( * (int * )(a)> * (int * )(b))
        return 1;
    else return 0;
}
int compareA(void * a,void * b)                 //来了新的需求就提供新的版本函数
{
    cout <<"A 对象版本比较"<< endl;
   if (((A * )(a)) - > getValue() > ((A * )(b)) - > getValue())
     return 1;
    else return 0;
}
void main()                                      //测试
{
  A a(5),b(6);
  int c = 10,d = 11;
  mapping(compareA,&a,&b)
  mapping(comareInt,&c,&d);
}
```

在上面的程序段中，已经透露出了多态的苗头：

(1) 例如，对于 compare 的不同版本，可以取同样的函数名 compare，使用静态多态的函数模板，由系统自动提供不同基本数据类型的比较模板函数，此时无须使用函数指针来切换实际指向的函数，而由传入的实参类型自动生成适配的模板函数(该版本留待思考题自行实现)。

(2) 借鉴函数指针，结合模板带来的同名函数启发，应用动态多态。将 compare 这个变化频繁的功能封装入一个纯抽象类(参见 7.4.2 节)，不同版本的 compare 版本就是不同的派生类同名函数对基类接口的覆盖改写实现(该版本留待思考题自行实现)。对于 C++语言这种提供了多态机制的高级语言来说，可以借助类多态来封装变化，并应需而变。对于类来说，可以考虑在系统设计之初，把容易变化的部分提取出来作为基类抽象类的一个或多个虚函数存在，每当变化来临，就增加新的派生类，扩展提供新的功能实现。

6.2 使用关系

除了继承给出的 IS-A 关系外，类/对象间还可能具有使用关系(USE)。这种使用关系依据天然语义上一个对象是否由另一个组成，又区别为聚集关系(Aggregation)和关联关系(Association)；由程序语义上依据固定使用关系或临时使用关系，又可区别为关联关系和依赖关系。这些类间的使用关系统称为耦合。

6.2.1　关联

关联表示两个对象从生到灭的全生命周期内它们之间固定的使用关系，存在较强联系。类图中使用"——→"连接两端类/对象。

对于两个相对独立的类，当一个类的实例与另一个类的一些特定实例存在固定的对应关系时，这两个系统之间为关联关系。例如：

(1) 客户和订单，每个订单对应特定的客户，每个客户对应一些特定的订单。

(2) 公司和员工，每个公司对应一些特定的员工，每个员工对应一特定的公司。

(3) 自行车和主人，每辆自行车属于特定的主人，每个主人有特定的自行车。

在现实生活中，要想骑自行车去上班，只要从家里推出自己的自行车就能上路了。因此，在 Person 类的 goToWork()方法中，调用自己的 Bicycle 对象的 run()方法，如图 6-5 所示。

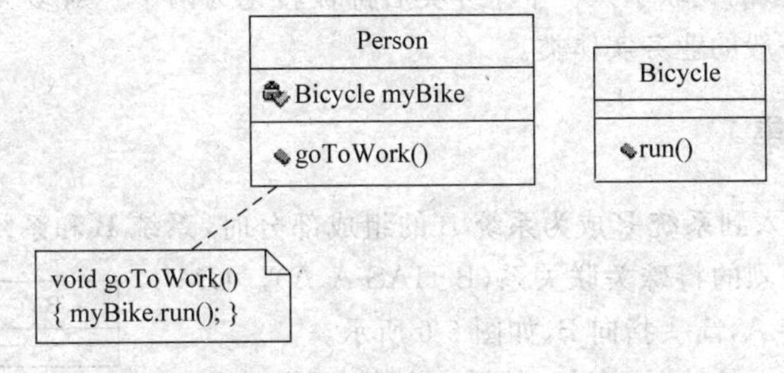

图 6-5　关联关系

从程序结构中看到，具有关联关系的被使用对象，是作为对象成员出现在另一端对象的类声明中的，因此两个对象具有生命期相同(同时创建，同时消亡)紧密耦合的关系，称为成员可见。

学生和教师间也可识别为关联关系，两者间可以有单向关联和双向关联之分。如果学生希望获得教师的邮箱地址电话号码等信息，教师希望获得学生的学习兴趣等信息，那么得到的系统类图中就应设计为双向关联，表明两者间有着双向的消息传递请求；如果系统目标是教师能够获得学生的信息而不需要反向信息传递，那么两者间是单向关联，类图中表示为教师类指向学生类的单向关联。

多重性(Multiplicity)是关联的另一重要方面。它说明了在关联中一个类的对象可以对应另一个类的多少个对象，以数字形式出现在关联的对象两端。回顾数据库概念设计，现实世界对象间多对多关系不能直接映射为数据库中的一个关系(表)，否则容易造成插入、删除、新增等异常以及无控冗余。依据关系数据库理论，函数依赖只能是多对一关系(一对多关系逆向是多对一，也可构成函数依赖)，多对多关系则需将其转换为两个一对多关系。面对多对多实体间关系时，新增一个中介实体，中介实体并不一定都来源于现实世界提取出的类，也可能是因需要而抽象产生用以解决这个问题。

下面分别以"商品 VS 顾客"以及"学生 VS 课程"两对实体为例进行转换方法讨论：

在分析购物网站系统时，很容易发现这样的多对多关系。例如，商品和顾客间，一位顾客可以购买多种不同商品，每种商品也可以被不同的顾客选购，于是两者是多对多关系。新增一个订单项的实体，它主要有两个属性，顾客 ID，商品 ID。

分析订单项与两实体的关系：一位顾客可有多份订单项，一份订单项只能来自一位顾客，于是顾客与订单项是多对一关系；一份订单项可有一份商品，一份商品可出现在多份订单项中，于是订单项与商品是一对多关系。于是新增中介实体订单项就成功将顾客与用户间的多对多关系转化为两个一对多关系。

再如，学生与课程间的关系，一名学生能选修多门课程，一门课程可被许多学生选修，于是两者是多对多关系。新增一个选修课程项的实体，它主要有学号 ID 和课程号 ID 两个属性。

分析选修课程项和两实体的关系：一名学生对应多项选修课程项，一项选修课程项只能对应一名学生，于是学生与选修课程项间是一对多关系；一项选修课程项只能对应一门课程，一门课程对应多门选修课程项，于是选修课程项与课程间是一对多关系。于是，新增中介实体就成功将学生与课程间的多对多关系转化为两个一对多关系。

上述多种多对多的关联引入一个中介类后都被转化为两个一对多关联，这种中介类称为关联类，区别于一般的业务实体类。

6.2.2 聚集

当系统 A 被加入到系统 B 成为系统 B 的组成部分时，系统 B 和系统 A 之间为聚集关系，表示一种非常强烈的特殊关联关系（B HAS-A A）。UML 中，使用菱形端连接 A，箭头指向 B，如图 6-6 所示。

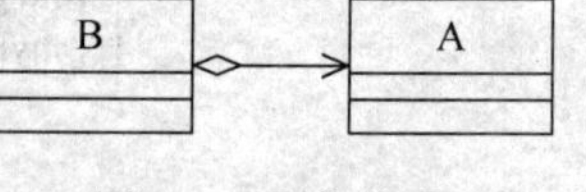

图 6-6 聚集关系

例如，自行车和它的响铃、车把、轮胎、钢圈以及刹车装置就是聚集关系，因为响铃是自行车的组成部分。人和自行车不是聚集关系，因为人不是由自行车组成的，如果一定要研究人的组成，那么他应该由头、躯干和四肢等组成。

由此可见，只能根据语义来区分关联关系和聚集关系。

聚集和关联关系的区别表现在以下方面：

(1) 对于具有关联关系的两个对象，多数情况下，两者有独立的生命周期。例如，自行车和他的主人，当自行车不存在了，它的主人依然存在；反之亦然。在个别情况下，一方会制约另一方的生命周期。例如，客户和订单，当客户不存在，它订单也就失去存在的意义。

(2) 对于具有聚集关系（尤其是强聚集关系）的两个对象，整体对象会制约它组成对象的生命周期。部分类的对象不能单独存在，它的生命周期依赖于整体类的对象的生命周期，当整体消失，部分也就随之消失。例如，小王的自行车被偷了，那么自行车的所有组件也不存在了。

再从程序结构来看，当 A 对 B 构成聚集或关联时，B 都出现在 A 的成员体部分（B 对 A 成员可见），即在程序特征上聚合和关联没有不同，都具有成员可见的特征。

按照 B 出现的形式不同分为弱聚集和强聚集，后者也称为组成/组合（Composition）。

B 出现为引用或指针：弱聚集，菱形为空心“◇——”。

B 作为 A 的对象成员：强聚集，菱形为黑色实心“◆——”。

Java 所有对象皆为引用，取消了指针，因此强弱聚集在语言层次上就没有区别了。这时在类图中统一用空心的菱形“◇——”来表达聚集。

6.2.3 依赖

依赖是"最弱"的使用关系，被使用的对象不需要被另一端记录和保存使用信息。以自行车和打气筒为例，在现实生活中，通常不会为某一辆自行车配备专门的打气筒，而是在需要充气的时候，从附近某个修车棚里借个打气筒打气。再如，学生和草稿纸，学生使用草稿纸做计算题，学生下课不记得草稿扔哪了，下课用完就丢掉了。

从生命期来观察，有着依赖关系的两个对象的生命期不是"同生同灭"关系，它们是不同时间分别创建和消亡的：偶尔需要时由一端创建另一端或借用一个，需之则用，用后即弃，例如"自行车 VS 打气筒"、"学生 VS 草稿纸"的例子。这些都是非常弱的使用关系，不同于关联这种固定的使用关系。

继续以自行车与打气筒例子，在程序实现时，有两种策略：

(1) 使用外部传入的 Pump 对象。

(2) 临时创建一个 Pump 对象供使用但不存储使用信息。

图 6-7 和图 6-8 分别给出了两种不同策略的类图示例。

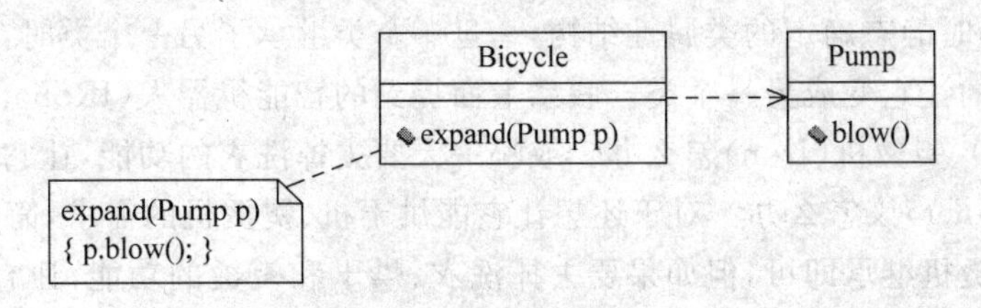

图 6-7 借用打气筒依赖关系

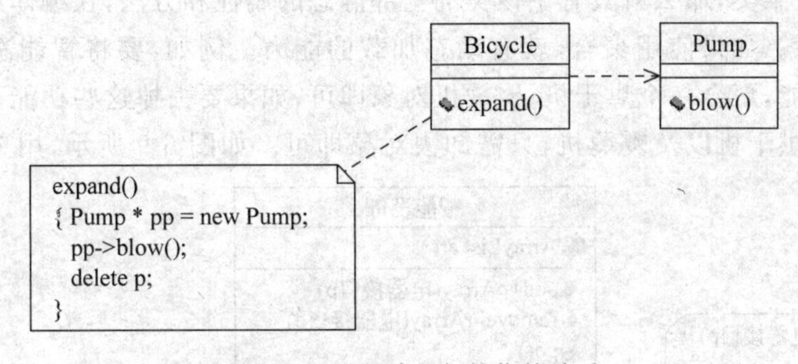

图 6-8 临时创建打气筒依赖关系

从前面例子可以看到，依赖表达的语义比关联要弱。若 A 对 B 构成依赖关系，那么程序表现为：

对象 B 不出现在 A 的成员体中，而出现在 A 方法体中。B 可出现在 A 方法的形参中（参数可见），或出现在 A 方法内部作为局部变量或临时用的变量（局部可见）。

除此之外，还有两种情况也认为是依赖关系：

(1) 指针出现在成员体中并且不随宿主对象一起获得有效的对象初始化。

(2) 作为动态装载对象数组容器的元素出现在成员体中。

以上两者都属于依赖关系，因为都符合"临时使用，生命期不同步"的特点。如果出现在方法体或函数体中，那么一定是依赖，但依赖并非就一定只能出现在方法体或函数体中。

6.2.4 聚合优先于继承

6.1.3节详尽地阐述了继承机制强大便利之余带来的一些问题，其中一类问题（动态变更类的某些特征）将在本节展开讨论。

类的继承复用容易使得派生类随意继承以换取功能复用，这导致派生类臃肿复杂；菱形问题的风险也随之增加；派生类的特征变得背离IS-A基类。改良的做法是尽量以聚合来替换继承，这样也符合继承的天然语义IS-A关系，而不能仅因为功能复用方便就随意找基类来继承。

当派生类具有IS-A基类的天然语义时，若基类发生变化，派生类自然必须发生变化，因为前者具有后者必须拥有的更普遍、一般的本质特征。这不能说是继承的错，反而应该认为这是它的优点。但如果派生类不顾丧失IS-A基类的天然语义，仅为功能复用而去继承时，某类派生类对象似乎不应该随基类而变。例如，前面的教师类增加了“年度考核”功能，学生因为复用“评教”功能而成为教师的子类，这样教师类增加了一些需求变化时，学生自动拥有“年度考核功能”，显然这与现实严重悖论——希望这时学生不再IS-A教师，不希望学生这个派生类随基类教师而变。

继承是编译时静态确定的类属性结构，一旦一个类继承了另一个类时，它就是基类类型的型，没法动态的让它变成另一个类。联系上面提到的智能机器人（IRobot），如果还想它变成烘干机（Drier）、熨烫机（Iron）怎么办？或哪一天要去掉洗衣的功能，让它只是一台智能扫地机（Floor Cleaner）该怎么办？对于还想让它能烘干机、熨烫机的需求，简单的再增加它的父类烘干机、熨烫机继承即可，但如果要去掉洗衣、烘干和熨烫的功能，让它只能是扫地机，继承就无能为力了。

一旦继承了某类，那么就具有了该类的全部静态的属性和方法，在编译期就绑定好了这些特征无法卸除。如果使用聚合，就有动态加载的能力。例如，要将智能洗衣机增加烘干机、熨烫机的功能，聚合一个烘干机、熨烫机对象即可，如果要去掉这些功能而只能扫地不再是智能洗衣机、烘干机以及熨烫机，只需卸去对象即可。如图6-9所示，用聚合替换继承给

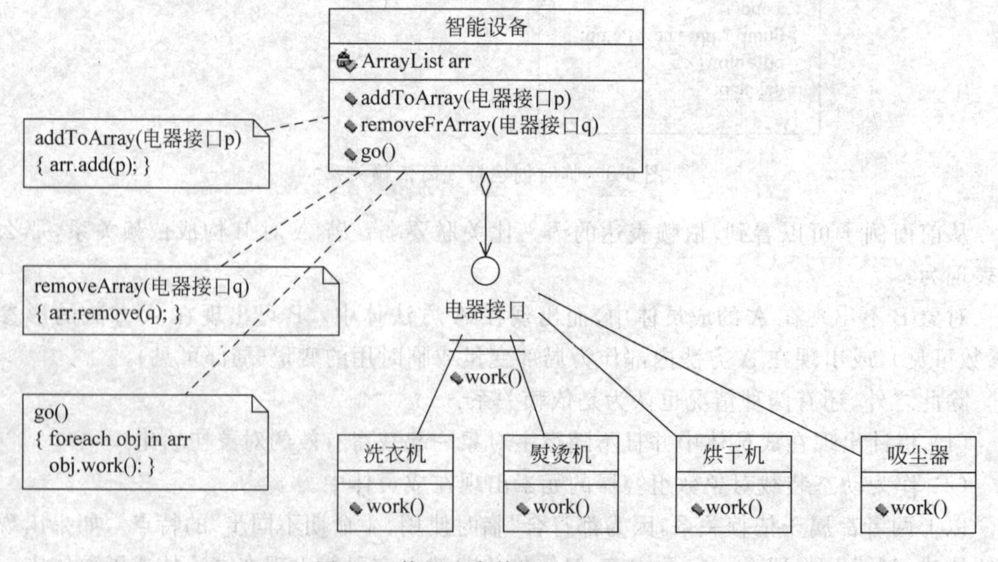

图6-9 使用聚合替换继承（聚合线）

出了这种解决方法，也可以是如图 6-10 所示的使用依赖方式，因为这种聚合从程序上来看更像是狭义依赖关系(间接依赖)，不过从语义上分析这是使用通用数组来动态加载特征，使用聚合更合适。

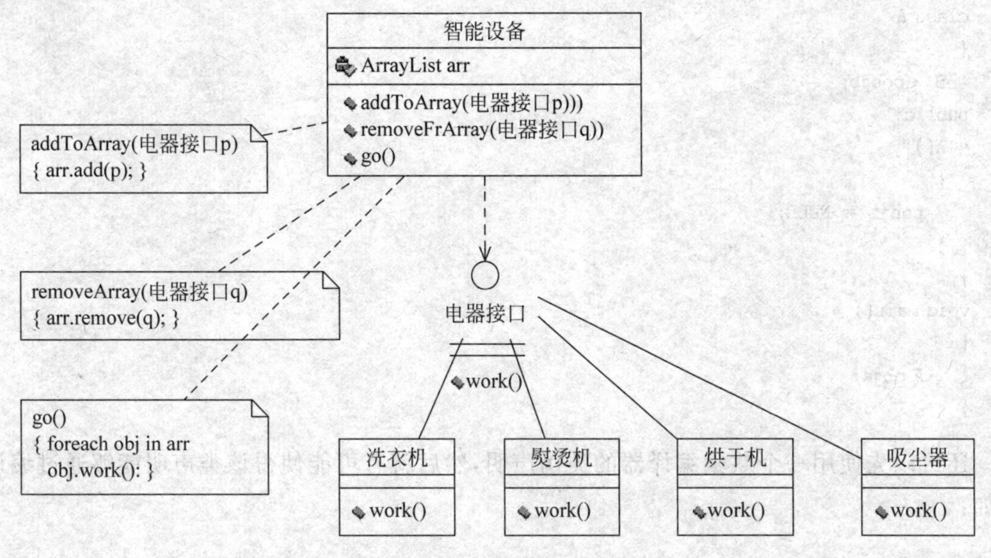

图 6-10　使用聚合替换继承(依赖线)

6.3　程序依赖问题

这里所指依赖，为广义的使用关系(USE 关系)，包含一切对象间的使用关系。这种广义依赖关系，不仅要求编程人员在程序编程阶段考虑类型的声明出现顺序，在更高的系统设计阶段也应设计权衡安排好设计的先后次序。本节将介绍前者，后者将在 8.1 节阐述。

在编译器看来，一种类型/变量必须先声明，然后方可使用。如果存在 A→B 这样的程序依赖，就意味着要在 A 的声明之前先出现 B 的声明；更进一步，如果除了 A→B，还有 B→A 这样的双向依赖关系，在代码行中 A 与 B 谁先出现成为难题。

如果对象 A 要使用对象 B，对象 B 要使用 A，这种关系称为双向依赖。由于先声明方可被授权使用，为解决 A、B 类声明谁前谁后的问题，需要使用“向前引用”和“先弱后强”的法则。

6.3.1　向前引用

当一方需要使用到另一方时，如 A→B 的单向依赖，可以使用 B 先声明 A 后声明的形式。例如：

```
class B
{
  int data;
public:
  void getdata()
```

```
    {
      return data;
    }
};
class A
{
  B * pobjb;
public:
  A()
  {
    pobjb = NULL;
  }
};
void main()
{
    A obja;
}
```

还可以先使用一个欺骗编译器的类伪声明，然后就有可能使得该类声明能够通过编译。例如：

```
class B;
class A
{ … };
class B
{ … };
void main()
{ … }
```

分析上面的程序段，看到使用了一个“class B;”这样的类B伪声明形式。当编译器扫描A的类声明时，认为已经获得B的访问授权，从而顺利扫描检查完class A声明。这种具有“欺骗编译器”效果的伪声明形式被称为“向前引用”，即真正的声明其实在程序的下方后部。

修改上面的程序段，仅调整了A的构造函数部分，会出现“诡异”错误：

```
class B;
class A
{
  B * pobjb;
public:
  A()
  {
      pobjb = new B();                          //错误
  }
};
class B
{ …};
void main()
{…}
```

根据1.2.6节所述，函数调用在编译阶段会被转化为编译绑定串，在上面的A()构造函数体内,发生了一个对B的构造的绑定调用,此时查找前面class B声明发现它是一个“空”声明(class B;),从而绑定失败。这个错误说明,即使有“向前引用”,还需要有合适的依赖出现形式,使得程序依赖问题变得更加复杂。

6.3.2 弱类型依赖

1. 弱类型定义

弱类型,按照字面意思理解,指内存占用很少(指针类型)的类型或不另行声明新分配内存的类型(引用类型)。当指针类型变量作为类的成员时,构造函数可不予初始化,在需要使用时由使用的函数自行安排指向;当引用类型变量作为类的成员时,构造函数则必须明确引用关联。

例如:

```
class A
{
  int& x;
public:
  A
};
```

2. 符号表登记过程

继续上节的程序段例子,将其改为下面的样子:

```
class B;
class A
{
  B objb;                                    //错误,注意这里使用了"强"类型形式
};
class B
{ … };
void main()
{ … }
```

即便没有在A类声明中出现对B的函数绑定调用,仍然指示编译错误,示意对A声明编译扫描时出现了未知的B类型。这表明,编译器除了做编译绑定检查,对各类型在符号表中做了登记工作。

当定义一个新的类型时(如声明一个类),符号表中会登记该类型名称以及该类对象对应的数据段内存块大小。即当扫描完上述的“class A{…};”代码块时,会在系统登记一个如表6-1所示的表。

表6-1　编译符号表

符号	大小
A	sizeof(A) = ?

显然,当计算sizeof(A)时,需要计算sizeof(B),而之前的“class B;”是个伪声明,于是A符号登记失败。

可以看出,“向前引用”实质是一个“欺骗”编译器的伪声明形式,要合理利用它,就需要避开函数绑定调用对B的类声明查找以及计算sizeof(A)时对B的类声明查找。所有的“弱

类型"变量/对象的内存大小都是已知的(3.2.2节和3.6.1节提到,指针仅分配标准字长内存存储别的变量首地址;引用仅为别名,不新分配内存),因此该法则也被称为"弱类型依赖"法则。

3. 弱类型引用的单向依赖

再举一个使用弱类型引用,形成单向依赖的例子:

```
class B;
class A
{
    B& rb;                                          //引用成员
    int dataA;
public:
    A(B& rab):rb(rab)
    {
        dataA = 0;
    }
};
class B
{
    int dataB;
public:
    void show()
    {
      cout << dataB << endl;
    }
    B()
    {
        pA = NULL;
        dataB = 0;
    }
    B(B& rb)
    {
        this->dataB = rb.dataB;
    }
};
void main()
{
    B objb;
    objb.show();
}
```

显然,下面会编译报错:

```
class B;
class A
{
    B objb;                                         //对象成员
    int dataA;
public:
```

```
    A(B& rab):rb(rab)
    {
        dataA = 0;
    }
};
class B
{
    int dataB;
public:
    void show()
    {
      cout << dataB << endl;
    }
    B()
    {
        pA = NULL;
        dataB = 0;
    }
    B(B& rb)
    {
        this->dataB = rb.dataB;
    }
};
void main()
{
    B objb;
    objb.show();
}
```

上述程序段仅将 A 中的引用 B 成员 rb，改为实例对象成员，编译立即报错。因为登记符号 A 时，计算 sizeof(A)会发现 B 的伪声明错误导致登记符号失败。

6.3.3　双向依赖

程序依赖还有可能是双向依赖的形式，既出现 A→B，又有 B→A 的情形。通过上面的阐述，编写代码时应注意做到：

(1) 使用向前引用。

(2) 弱类型依赖先出现。

下面的程序段给出了一个双向依赖的例子：

```
class B;
class A{
public:
    B * bptr;                    //A→B 是一个弱类型依赖，也可以是引用这样的弱类型
    A(B * ptr){bptr = ptr;}
    A(){}
};
class B{
public:
```

```
        int Geti(){cout << i << endl; return i;}
        B(int x){i = x;}
    private:
        A obja;
        int i;
};
void main()
{
  B bobj(8);
  A aobj(&bobj);
  aobj.bptr -> Geti();
}
```

思考题：Java为什么没有程序依赖问题？

6.4 低耦合与高内聚

低耦合与高内聚是耳熟能详的软件设计原则，但具体怎样做到低耦合、又结合高内聚，一直是一个困难的抉择权衡问题。本节试图从各自定义出发，以比较简单的几个业务类间关系组合为例进行介绍。

6.4.1 低耦合模式

6.2节提到，使用(USE)关系和继承(IS-A)关系统称为耦合关系。按照耦合强弱来看，继承>聚合>关联>依赖。从可见性方面来看，继承与聚合、关联一样，都具有成员可见性(派生基类对派生类是成员可见)。

如果系统只有一个类，那么从类的粒度来看，该系统的耦合度为0，是最低的。但是，类的内部复杂，可读性、复用扩展性差，显然不是好的方案。面向对象系统通过对象间的消息传递来实现整个系统正常运转，因此类间一定会有耦合，需要在保证系统灵活性、扩展性的基础上适当地降低耦合度，而不可能取消耦合。需要特别注意复用已有的耦合和已有的类，不擅自增加新的耦合。“不要和陌生人说话”，是该模式的俗称。

例如：

```
class Client
{
private:
  classA * pclassA;
public:
  void func()
  {
    pclassA -> getClassB() -> getClassC() -> getClassD() -> getTimer();
  }
};
```

本意是Client要访问D类的定时器对象(D::getTimer())，却造成Client类与ClassA、ClassB、ClassC及ClassD的耦合，即本来ClassB、ClassC及ClassD对于Client类来说都是

不可见的"陌生人"，却进行了直接对话。仅以此局部来计算，其耦合度已达到 4＋1＋1＋1＝7。

更好的策略是 ClassA 类中提供一个 getTimer 方法，Client 类修改为：

```
class Client
{private:
  classA * pclassA;
 public:
  void func()
  { pclassA -> getTimer()}
 };
```

如此一来，Client 类就只与 ClassA 类发生耦合，而 ClassA 本来就是可见的"熟人"。同理，可将 ClassA 与 ClassB、ClassB 与 ClassC、ClassC 与 ClassD 都划为简单的单向依赖。因此，改良后的方案耦合度为 1＋1＋1＋1＝4。

又如：超市购物的票据类(Voucher)上每行会打印购物的每项商品信息作为票据项类(VoucherItem)，当要计算票据上的购物总价时，该职责应部署到哪个类？

从上述描述看出，票据类和票据项类间已有耦合(聚合)关系，那么将计算总价职责就部署到票据上不会增加耦合，也就是说可以直接复用了已有的票据与票据项间的耦合关系，如图 6-11 所示；否则，假设增加一个新的价格类(Price)负责计算总价，类图如图 6-12 所示。

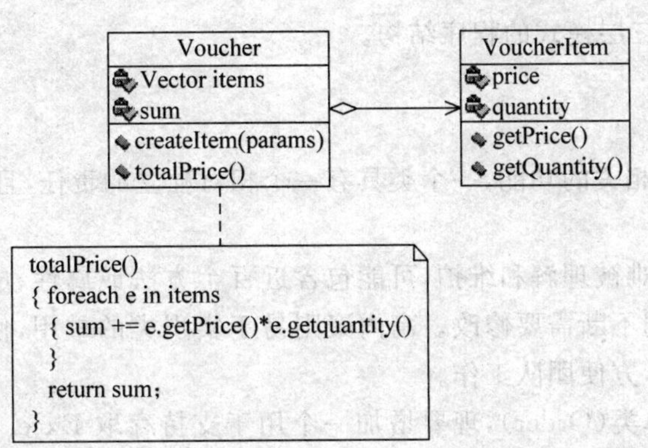

图 6-11　票据计算总价高内聚设计类图

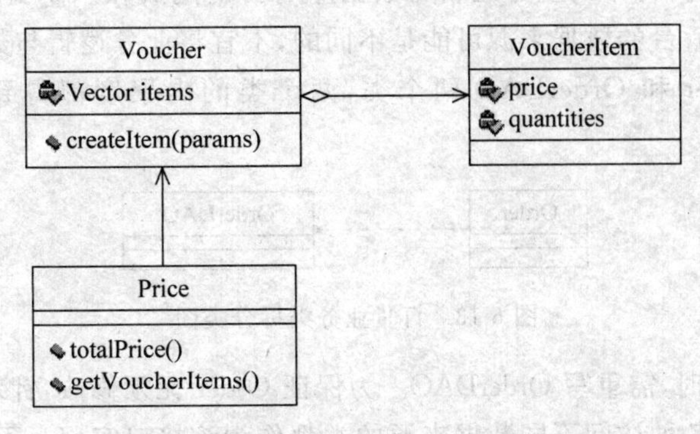

图 6-12　票据计算总价低内聚设计类图

显然，该设计的耦合为2，至于价格类中totalPrice方法逻辑，留待思考题完成。

6.4.2 高内聚模式

高内聚意味着划分类的粒度要小，类的规模和逻辑不能大、复杂，最好一个类只做一种功能相关的事情。如果粒度过细，把类退化为一个方法，那么类的数目过度，类间的耦合激增。因此高内聚和低耦合总是成对出现互为前提，设计者需要进行权衡。

提高内聚度是希望改善类的可复用性和可读性。当在类设计中发现一个类担负的任务太多、太杂，就应该主动把一些职责分配给其他类甚至新建类。内聚度高的设计方案更易被理解、维护和重用。也就是说，当准备分配新的职责时，该类中的其他功能是否与这个职责有一定的关联，如果没有，最好把职责分配给别的类，甚至新建一个类处理这个职责。

1. 非常低的内聚

一个类单独处理很多不同模块的事务。例如，它既处理对数据库的存取，又处理用户接口图形处理。

2. 比较低的内聚

一个类单独处理一个模块内的所有事务，这是太多初学编程者的“恶习”，如在编写C/C++语言程序时，用一个文件将main、功能函数定义、功能函数声明都实现。正确的做法是至少应形成MVC三层模式的程序结构。

3. 高内聚

类只处理与模块相关的功能，一个类具有一个相对独立的责任，且与其他类合作共同完成任务。

低内聚的系统很难被理解和维护，可能包含近百个方法或属性、成千上万个方法，难实现类的重用，系统脆弱不断需要修改。高内聚则易于实现类的重用，使维护工作变得简单，使得系统模块化工作，方便团队工作。

例如，有一个订单类(Order)，现要增加一个用于支持存取Excel表以支持不同数据来源的责任，这个责任应该加入订单类吗?

最开始的方案是将订单的业务逻辑与数据库后台访问放在一个类Order中，由于新的需求提醒，可知访问后台的数据来源可能是不同的，不宜将业务逻辑与数据来源放在一个类中，于是拆分为Order和OrderDAO两个类，两个类的内聚度都得到了提高，如图6-13所示。

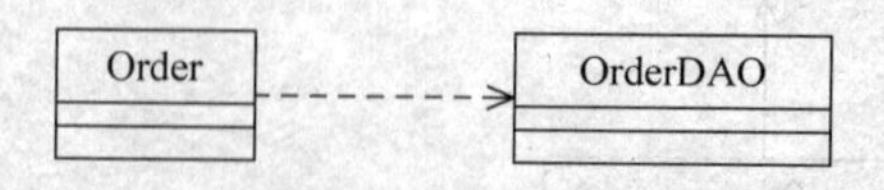

图6-13 订货业务类拆分类图

当数据来源变化时，需重写OrderDAO。为保证Order无须修改，针对抽象编程(5.4节)构造一个接口类，将各种访问不同数据来源的类都作为该接口实现。不论OrderDAO的接口实现如何变化，Order 由于只依赖接口可稳定不变，OrderDAO 的实现类可以自由替换接口，如图 6-14 所示。

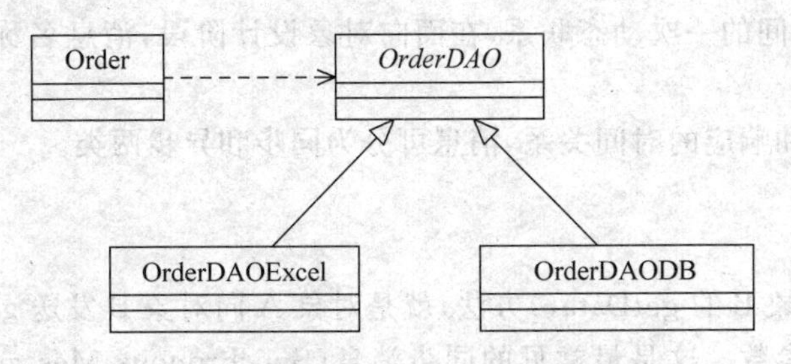

图 6-14 适应变化 OrderDAO 的订单系统

6.1.3 节提到，继承不应被视为耦合，因为针对抽象编程的接口机制能轻松解耦，派生类与基类接口间实际上没有任何依赖，因此，图 6-14 与图 6-13 两方案比较，并没有增加耦合。

低耦合与高内聚，是互相矛盾的一对目标，需要设计者在减少无必要的耦合基础上尽量提高每个模块的内聚度。如果每个模块内聚度很高，而且模块间耦合较低，自然当发生需求变更时变更相应模块容易，受到影响的模块少。

6.5 消息通信机制

消息机制是面向对象语言和面向对象系统最重要的特性之一。在面向对象范畴内，消息是一个对象在自身不能闭合提供所需功能时向外发出的请求，也就是请求另一个或一群对象提供自身所需的服务，也称为广义消息。熟知的各种 GUI 系统都是由消息驱动的，而且操作系统本身的许多功能，以及各种简单或复杂的框架系统通常也要依靠消息和消息队列来完成各类主要操作。这里所说的消息往往和某些特定的系统调用（如 WIN32 中的消息处理函数）和系统功能（如操作系统实现的消息队列）相关，所承载的大多是系统一级的信息，如键盘、鼠标灯硬件消息和通知、刷新等软件消息等。常将系统一级的消息称为事件（Event），将支持类似功能的系统称为“事件驱动系统”，也称这类消息是狭义消息，以区别于广义消息。

有关异步消息通信机制的研究大多集结于分布式开放性异构软件系统间的异步通信，如专注于应用服务器与消息中间件通信，主要讨论应用系统和商用中间件间的应用整合；或关注于异步消息常用的中间件如 CORBA 的持续改进，甚少涉及自实现中间件系统和平台级研发。在硬件开发和实时性要求高的场合，单宿主机内的进程间通信也有着异步消息的应用范畴，这方面涉及更底层的消息通信机制原理，而与中间件以及网络通信无关。本节旨在通过分析异步消息机制原理，挖掘其核心实现并展开对其应用范畴的进一步分析，试图解决某些特殊和基本的问题。

6.5.1 同异步消息范畴

在 UML 顺序图中，一个对象可以直接向另一个对象发送一个特定的消息，这类消息实际分别对应于目的类（接收消息对象所隶属的类）的某个职责。因此，UML 中的消息最终会映射成为目的类的方法或函数，这时消息(Message)是对象发出的服务请求，包括请求服务的对象名、服务名、传入的消息参数以及返回的结果类型。在面向对象分析阶段，通常用消息来指代类/对象间的一次动态联系，在面向对象设计阶段，消息名称被转换为目的类的方法和函数。

根据发出请求和响应的时间关系，消息可分为同步和异步两类。

1. 同步消息

对象 A 调用对象 B 的 getData()方法，就是对象 A 向对象 B 发送 getData 消息，方法传递的参数就是消息参数。这是最常见的同步消息(Synchronous Message)。同步指发送消息方(Client 调用方)和消息接收方(Server 提供服务方)处于同一串行控制流上。

2. 异步消息

如果一个对象发送消息后，不等消息返回就继续自己的活动，这种消息称为异步消息(Asynchronous Message)。类似中断处理：发送消息方发起中断请求后不需等待，继续后继流程处理。当中断服务完毕时，系统提醒发送方回来接收处理结果。异步消息的支持需要第三方，一般称为应用框架，将在 6.5.2 节中进行分析。

上述范畴明确指出，同步消息可简单地认为调用对方的一个服务函数，因此同步消息也被称为过程调用(Procedure Call)。其可视为同一进程内部的一条串行控制流；异步消息则有着应用系统框架作为中介存在，适用于不同进程间的通信。

6.5.2 多进程间异步消息通信机制

明晰消息的分类后，还要明确何时应用同步消息、何时必须考虑应用异步消息进行通信。显然，同步消息是简单的函数调用通信，通信两者间并无中介而是直接通信。明确的一点是，当同步消息的处理函数处理时间过长但该调用要求有较好的实时性时，应用同步消息不合适——这意味着一个较长的不可打断的等待。

本节将分三部分阐述：

(1) 结合常用的 Windows GUI 系统，揭示异步消息通信的一般过程。

(2) 摆脱任何框架系统，利用面向对象语言本身特质模拟回调这一异步通信的核心。

(3) 摆脱语言限制，给出核心回调的原理性实现。

1. Windows GUI 消息机制

在 Windows 操作系统和各种支持图形用户界面 GUI 的操作系统中，不同的应用程序间通过向窗口对象发送消息来互相通信，接收消息的对象负责对消息的响应处理。窗口对象是附属于不同的应用程序的部件。例如，从 A 应用程序窗口切换到 B 应用程序窗口，可看成是 A 窗口向 B 窗口发送了消息，实际 A 向 B 发送消息的过程远非如此直接。

Windows 操作系统下进程间是相互隔离的，由于 Windows 对进程地址空间的保护，进程间不能直接调用对方的功能函数，它们必须间接通过操作系统提供的进程间通信机制来相互联系，也就是说，请求服务的发送消息端和响应请求的接受消息端是相互隔离的，通信过程是一个异步过程。Windows 系统中两个拥有窗口的进程 A/B 间，A 向 B 请求服务的消息过程如图 6-15 和图 6-16 所示。

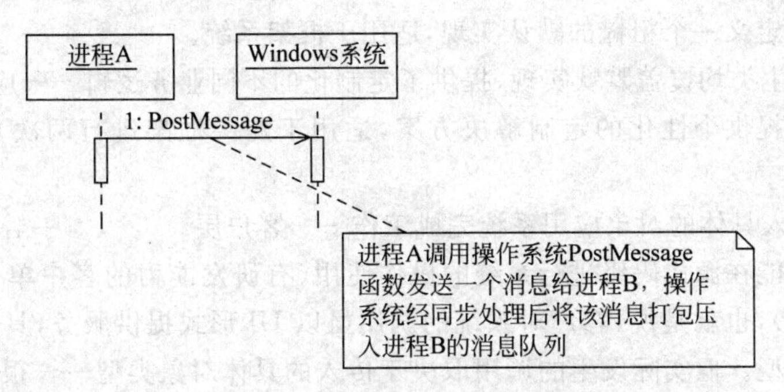

图 6-15 A 向操作系统发消息

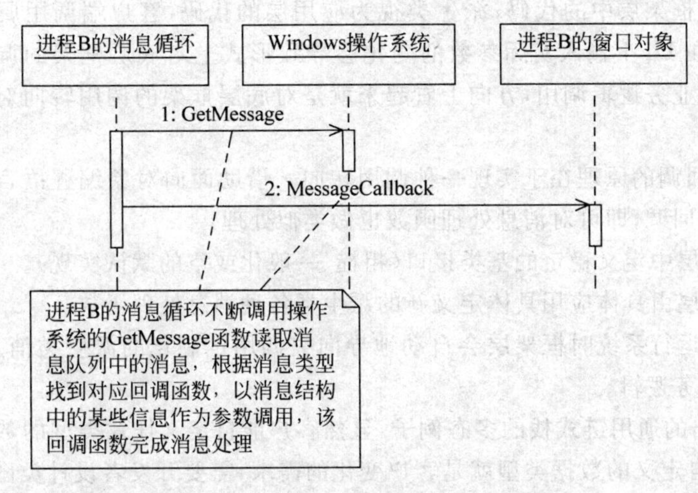

图 6-16 B 取操作系统中保护的消息队列

进程 A 与 B 间被消息循环（消息泵）隔离，这实际是微软公司提出的消息队列（Message Queue，MQ）通信方式。

图 6-16 中的回调函数即响应相应请求的消息处理函数，它实际上不是直接由请求方调用的，而是在某个异步时刻间接由操作系统或框架层调用的函数。一般化来形象理解，能被系统"自动调用"的函数称为回调函数（Call Back Function），从通信方向上看，它是从底层调用上层服务，有别于一般意义上的上层调用底层服务。

本节给出的 GUI 例子具有通用性，不论采用何种消息中间件或操作系统 GUI，进程间的异步通信都采用通过第三方中介的形式进行，中间有着一个巧妙地被称为回调的调用方向转向的过程，明显不同于同步消息的直接过程调用方式。

2. 支持继承多态的面向对象系统下回调的实现方法

前面描述 GUI 系统下进程间通信依赖系统框架的异步通信方式，本节将不依赖框架进一步分析异步消息通信原理。

联系面向对象思想中的依赖倒置原则基类—派生类继承结构，它也具有类似回调的特点，即调用转向：

(1) 基类定义默认实现——框架层。

底层开发商定义一个粗糙的默认实现，适用于框架系统。

(2) 不同派生类均覆盖默认实现，提供了定制化的不同业务逻辑——应用层。

集层开发商提供个性化的定制解决方案，适用于购买框架进行两次具体适配开发的组织。

(3) 客户传入具体的对象应用系统完成工作——客户层。

客户不太可能在源代码级进行系统的操作使用(有研发能力的客户单位也较多采用联合开发方式介入)，也就是说，客户对系统的调用虽以 UI 形式提供服务，具体代码中形参类型是基类抽象类型。但实际发生的调用取决于传入的具体对象类型——很可能是某具体派生类的对象。

将基类视为框架层中的代码，派生类视为应用层的代码，客户端调用属于测试的用户层。那么，客户在 UI 上输入实际参数的变化会导致形式上对底层框架的调用转向对某合适派生类对象的业务逻辑调用，方向上看起来就是对底层框架的调用转向对实际上层业务逻辑层的调用。

因此，核心回调的原理在于实现一种调用转向。借助面向对象编程语言的该动态多态机制可实现核心回调，即可对消息处理函数也做类似处理：

(1) 在框架层中定义稳定的基类接口(粗糙、一般化或空的默认实现)。

(2) 在应用层由具体应用具体定义新的派生类各种消息处理函数。

(3) 客户层运行系统时框架层会自动地导向去调用定制化的派生类消息处理函数，实际覆盖了基类业务逻辑。

图 6-17 给出的通用链式栈的多态例子，显然客户能自定义任意类型的数据来使用该通用链式栈，这里自定义的数据类型就是客户变化的需求，需要开发者设计类图予以满足灵活易变的需求。为此构造一个抽象接口类型 BaseType，并约定客户希望出入栈的任意自定义类型数据必须实现这个接口。当有新类型要求使用栈时，实际由客户自行扩展接口实现。

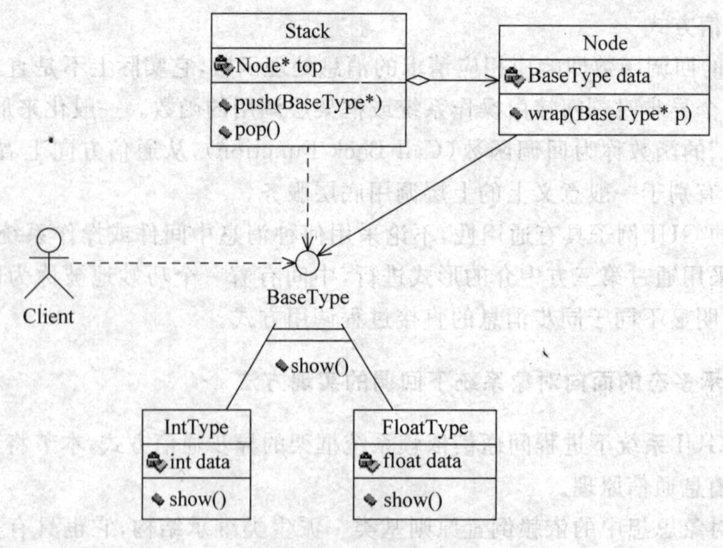

图 6-17 通用链式栈的多态

对服务端需提供的栈来说，定义对 BaseType 类型适用的出入栈操作即可。由于 Client 通过稳定的接口函数 push/pop 来操作栈，因此该栈模块无须修改可通用。

当发生新的数据类型要出入栈时，客户定义新的类型类继承实现 BaseType 接口，然后就可以直接使用栈压入和弹出该类型数据。

在图 6-17 中，居于下方的 IntType、FloatType 等自定义类型是由 Client 依据 BaseType 接口自行扩展的类，居于上方的 Stack 和 Node 是服务端封装的类。当有新的类型需要使用这个栈时，用户自行扩展新类。

本节联系面向对象的动态多态机制，发现其与异步通信的核心回调有着类似的调用转向特质，借助面向对象编程动态多态给出了回调的实现原理，从而摆脱了框架层的依赖阐述了回调的核心实质。

3. 无多态机制支持下的回调实现方法

在相当多的嵌入式和强调实时性的开发环境中，面向对象编程语言反而不及汇编及 C 语言普及，主要是由于实时性的要求使得只有中级、甚至低级语言方能满足要求。因此，如何在该类原始开发环境中得到的异步通信回调效果值得研究。

1) 回调实现方法

在不支持多态特性如 C 语言这种面向过程语言的开发环境中，仍然可将客户端和业务函数提供端、框架层视为不同层的对象，这样的视野能更好地将开发系统分层，并有利于分工协作。非面向对象语言没有继承多态支持，此时的回调可借助函数指针来实现：

(1) 在框架层中定义回调函数的接口(函数声明，需要保持相对稳定)，它具有面向对象中基类虚函数通用和默认实现的特点。

(2) 在应用层实现特定函数并将函数指针传递给框架层(函数指针建立指向)，这种特定实现具有派生类覆盖改写新业务逻辑的特点。

实际执行相关功能时，框架层直接使用函数指针调用，实际上回调了应用层实现的特定函数。

2) 程序举例

下面给出一个示例，完成比较传入的相同类型的数据大小。为简略展示回调的实现原理，这里假定只能输入可比较的数据类型参数(整型/浮点/字符等)，并分框架层声明、框架层定义、应用层声明、应用层定义以及测试体驱动 5 层分别展开分析。

(1) 框架层声明，对应着基础的接口层。

```
//框架层声明 frame.h
#ifndef _FRAME
#define _FRAME
#include <stdio.h>
void *c, *d;
int (*pcompare)(void *a,void *b);          //函数指针
//建立回调用的钩子函数
void mapping(void *a,void *b,int (*pf)(void *a,void *b));
void process();                            //执行业务函数
#endif
```

本部分定义了框架层稳定的接口，给出了具有较为通用版本的比较两个数大小函数指针版本 pcompare 函数原型。注意，这是一个具有通用性质的比较函数，为此使用了通用指针类型，而具体的类型指定以及 pcompare 函数的实现，由应用层负责实现。

mapping 则是一种钩子函数，也就是映射的意思。即通过一种赋值转换，建立框架层和应用层之间的联系。

(2) 框架层定义，对应业务的基础默认实现。

```
//框架层定义 frame.c
#include "frame.h"
//映射函数，建立框架层与应用层的钩子
void mapping(void *a,void *b,int (*pf)(void *a,void *b))
{   c = a; d = b; pcompare = pf;   }
//业务函数
void process()
{
  switch(pfunc(c,d))
  {
     case 0: printf("the two is equal!\n");
     case 1: printf("the fronter is larger than the behinder!\n");
     case -1:printf("the fronter is little than the behinder!\n");
  }
}
```

本部分包含框架层两个重要函数的实现，process 是框架层的业务默认实现，实际是直接调用函数指针指向的函数(由应用层实现)；Mapping 则是建立回调联系的函数，将外部传入的回调函数指针传递给框架层函数指针 pcompare 保存，将业务参数传递给框架层内部变量保存。

(3) 应用层声明，是应用层具体实现的声明对应。

```
//应用层声明 app.h
int compare(void *a,void *b);
```

本部分包括应用层待实现的比较函数声明，该声明应与框架层定义的函数指针类型保持一致。

(4) 应用层定义，对应某种特定具体业务实现。

```
//应用层定义 app.c
#include "frame.h"
#include "app.h"
int compare(void *a,void *b)
{
  int *pa = (int *)a, *pb = (int *)b;
  if (*pa == *pb)
    return 0;
  else if (*pa > *pb)
    return 1;
    else return -1;
}
```

本部分是应用层特定函数的具体实现，这里的 compare 是 int 版本的特定实现。只需客户端给出不同的具体实现，框架层保持稳定，能以不变应万变。

(5) 测试体。

```
//客户端，即测试体驱动
#include "app.h"
void main()
{
  int a = 3,b = 4;
  mapping(&a,&b,compare);
  process();
}
```

首先，main 函数通过框架层提供的 mapping 函数建立将应用层实现的回调函数与框架层勾连起来，以传递实际函数地址和需要比较的业务数据；然后，在某个时刻调用框架层的执行业务函数 process 函数，实际执行的是应用层实现的 int 版本的 compare 函数。

本节不依赖面向对象编程的动态多态，仅使用 C 语言这类基础性中级语言以分层代码形式给出了回调实现的完整例子，从而从根本上揭示了回调的原理。

6.5.3 单宿主机单进程内异步消息通信应用范畴

发起服务的请求者(Client)和响应请求的服务提供者(Server)通常不位于同一宿主机(Host)，这种多进程间的通信多见于分布式网络环境下的通信，甚至是异构系统间的通信，一般采用中间件通信，如使用著名的 CORBA 通信框架。在同一宿主机内，不同对象间的异步通信常采用 Windows GUI 框架通过框架层回调处理来进行异步消息通信的方法，如将一 VISIO 文档图复制粘贴到 Word 文档。此外，同一进程内部的不同对象间也使用异步消息机制来处理一些棘手的特殊问题。

异步消息机制既天然自然地适用于多进程通信，也能应用于单进程内部来解决一些特殊需求或问题。当面临这些特殊需求时，使用同步消息机制处理会出现问题。下面分三部分列出异步消息通信应用于单宿主机单进程内的应用范畴。

1. 异步消息用于提高系统的吞吐率和运行效率

容易想到可使用异步消息机制消去无谓的等待。例如，一个消息处理可能要耗费很长时间，发出同步消息请求的一方一直等待是非常浪费 CPU 的事。于是，将请求和响应改为异步的方式，发送方将消息结构填入消息队列，接收方轮询队列查找自己的回调函数进行后继处理。

2. 异步消息用于消除循环依赖造成的无限递归

循环依赖对软件系统灵活性构成很大损害，且可能具有隐蔽性不易发现。单进程内部消息请求序列“对象 A→对象 B→对象 C→对象 A→…”，结果发生了无限递归，且后面的请求序列无法得到响应机会。这种间接递归隐蔽性强，各对象间并不知道发生了循环递归，而这里又允许这种消息传递上的间接递归，认为它是不可预见的合理存在形式。可以采用异步的方法改造上面的流程以消除函数重入。

每个对象发出消息后，将消息存入先进先出的消息队列然后继续后继事务处理，接收者采用轮询方式查询消息队列并处理自己的消息，这种处理机制类似数据库事务处理中避免死锁的资源顺序申请分配制。由于消息总是被发送者按照先后顺序压入队列中，而消息接收者也总是按照这样的顺序去检索队列，能够避免类似互相需要对方服务造成的死锁。

3. 异步消息用于避免迭代器崩溃

“迭代器崩溃”是一类非常典型的问题，使用异步消息机制能有效避免“迭代器崩溃”。

假设对象 A 需要遍历一个数组(迭代器)，向数组中的每个对象元素发出一个消息，而某个接收到消息的对象元素 a 有删除该数组元素的响应，如收到的是脱离该数组的 detach 消息。如果使用同步消息来实现，那么该迭代器在还没有遍历到 a 后面的对象元素 b 时发生崩溃。

解决方法和前面的例子类似，将其改造为异步方式。对象 A 在遍历数组后才发出消息才将它们填入到一个队列，然后才开放该队列给其他所有对象轮询匹配消息处理函数。

第7章 杂项

本章主要对一些琐碎又难以归纳的部分做一些总结概括。

本章重点：内存泄漏、抽象类与纯抽象类、友元、virtual。

难点：运算符重载、virtual。

7.1 内存泄漏

程序员应关注内存平衡问题，即编写的程序投入运行之前系统可用内存应与程序结束后可用内存相同。4.6节曾详尽阐述过变量的不同内存分配方式和内存区域。由于堆栈会自动保持平衡，因此当使用了非堆栈这种临时内存区分配的变量时（全局、静态、const区等系统自主维护类型的变量/对象），需要程序员自主维护内存。显然，堆中的内存是需要自行维护的，即C++语言中使用new（C语言中使用malloc）来动态分配堆中的内存，销毁时在C++语言中必须显式使用delete（在C语言中使用free）来释放堆中内存。可以根据new和delete出现的次数，以及是否充分释放将内存泄漏分为两类。

7.1.1 第一类内存泄漏

该形式的内存泄漏是由于new与delete出现的次数不匹配。要极力避免该类内存泄漏，即尽量使得new与delete成对出现，这又可能由于new与delete出现在函数内部位置的不同分三种情况：

(1) new和delete都发生在同一个函数内部，只需保证该函数内new和delete出现的次数相同即可。

(2) 在某个函数内部new，在另一个函数内delete。尽量保证这两个函数内它们分别被调用的次数相同。实际上这非常困难，如堆栈的出入栈，无法保证入栈N次，出栈也正好是N次。因此，需要析构函数来收尾将栈清空。

(3) 在程序要结束时运行一个处理函数，让内存能回到程序开始运行前的状态。例如，对自定义的单链表等，在程序结束前进行一个清空链表操作。

7.1.2 第二类内存泄漏

delete与new出现的次数匹配，但前者未完全释放后者分配的内存。

程序段如下：

```
class A
{
  int i;
  ⋮
};
class B: public A
{
  int j;
  ⋮
};
void main()
{
  A *p = new B();
  ⋮
  delete p;
}
```

尽管 new 与 delete 的次数相同，但仍然有内存泄漏。因为 delete p 时，静态绑定了 A::～A 析构，而基类析构仅释放了基类成员 A::i 的内存，派生类的成员 B::j 仍驻留于堆内存中。也就是说，当运行程序后，在 new B 后的堆对象内存空间中，i 成员内存得到释放而 j 内存没有释放，造成了内存泄漏。

为避免第二类内存泄漏需要对基类使用虚析构。由于 delete 静态绑定的是类型检查确定的对象析构函数，delete 释放的内存与之前 new 的不一致是因为发生了错误绑定，而最精确地绑定是运行时检查对象内存（如 virtual 基类对象成员函数的被覆盖）。一旦定义基类析构为 virtual，派生类对象的析构函数会覆盖内置的基类对象的析构函数并将基类析构函数的调用挂在自身尾部。

将上述程序段修改如下：

```
class A
{
  int i;
public:
  virtual ~A(){}
⋮
};
class B: public A
{ … };
void main()
{ … }
```

上述程序段中仅做了声明了基类虚析构的修改，尽管其内部甚至为空。当 delete p 时，试图静态绑定，查找 p 指向的 A 对象类型时发现 A::～A 为虚，于是推迟。运行时动态绑定，在 new B 后的堆对象内存空间中发现了新的覆盖后的派生类的析构函数，绑定成功。然后先释放了 j 成员内存，在派生类析构尾部会跳转调用基类析构，然后再释放 i 成员内存。

避免第一类内存泄漏的关键是程序员要养成好习惯，即树立“我分配我释放（堆），系统分配系统释放(堆栈)”的牢固意识。

避免第二类内存泄漏的关键是要发现内存泄漏,在排除第一类内存泄漏的可能原因后,还应检查基类指针/引用出现的部分,看看是否出现了动态分配内存给基类指针或引用。当编译绑定错误导致释放错误时,需要动态绑定析构函数,从而在对象空间匹配正确的析构,可能产生 delete 基类指针。

7.2 运算符重载

任何一个编译器系统都定义了一些基本的运算符,但对于自定义的数据类型,需要程序员自定义一些运算。例如,内部封装整型数据的类 A,希望能有++自增运算让对象自增。

显然运算符重载是特殊的函数重载,因为可将运算符视为特殊的函数,它们使用“返回值类型 operator 运算符(参数表)”形式定义,参数表中的形参类型即为参与运算操作数类型。运算符函数可以有普通函数写法和作为类对象成员函数两种形式,后者由于隐含了 this 指针来表示左操作数,因此参数表中参数个数比前者少 1。

注意:

(1) 当参与运算的参数都是基本数据类型时,该运算符的重载形式不会被调用,此时绑定调用的都是系统标准定义的该运算符。

(2) 为避免二义性,自定义的运算符重载函数不应与运算符的标准含义边界模糊。

(3) 运算符重载不可改变该运算符的优先级或结合性,不应使运算符重载后的含义变得距离标准含义太远。

(4) “.”、“::”、“?:”和“sizeof”等极少数运算符不可重载,主要是因为一旦重载可能会造成理解困难或编译器理解二义性。

7.2.1 普通运算符重载

1. 自增运算符

1) 一个初始版本的前自增++运算符重载

假设有类 A 的公有成员 int 型 data,试图重载自增运算符++使得 data+1。这里想到的初始版本的运算符重载程序段如下:

```
class A
{
public:
    int data;
    A(const A& a)
    {
      this->data = a.data;
      cout <<"A 的拷贝构造函数被调用!"<< endl;
    }
    A()
    {
        data = 0;
```

```
    }
};
A operator ++(A o);
void main()
{
  A obj;
  ++obj;
}
void operator ++(A o)
{
  o.data++;
}
```

上述代码中定义了 operator ＋＋这样一个＋＋运算符重载，编译没有错误，但 obj. data 并没有改变，发生了运行错误。因为，obj 作为参数值传递到 o 对象，参与自增运算的是 o 对象而并非传入的 obj 对象。此外，发生了两次值传递引发的浅拷贝（一次是从 obj 值复制到 o；一次是从 o 值传递给系统临时变量），从加快运算效率考虑，不宜采用此低效方案。

2）指针和引用传递方式改进

改用指针值传递方式加快效率，程序段调整如下：

```
class A
{ … };
void operator ++(A *po)
{
  po->data++;
}
void main()
{
  A obj;
  ++(&obj);
}
```

上述程序段成功地使用 operator＋＋函数使得 obj. data 增加了 1，但不足之处在于，该形式让调用者不习惯，毕竟人们习惯了变量/对象＋＋表示自增，而不是传入一个地址。

继续修改调整程序段如下：

```
class A
{ … };
void operator ++(A& o)
{
  o->data++;
}
void main()
{
  A obj;
  ++obj;
}
```

改用了引用传递后，obj 自增成功，但还存在一些问题，如自增＋＋是能够放在表达式中连续进行运算的。如果是下面的 main 函数形式：

```
void main()
{
  A obj;
  ++++obj;
}
```

指示编译错误。＋＋＋＋obj 实际是＋＋(＋＋obj)，＋＋obj 是＋＋运算符的函数调用，而在上面实现的＋＋运算符函数调用无返回值，造成(＋＋obj)不能继续参与运算。

修正为下面的程序段形式：

```
class A
{ … }
A operator ++(A& o)
{
  o.data++;
  return o;
}
void main()
{
  A obj;
  ++++obj;
  cout << obj.data << endl;
}
```

上面对 operator ＋＋自增运算符，采用了值返回形式，对于＋＋＋＋obj 调用，经查只自增了 1，显然发生了运行错误。原因在于，第二次自增参与运算的是(＋＋obj)的右值，而(＋＋obj)的右值，实际上是第一次自增调用值返回时的系统临时变量而并非 obj 本身。为此，需要每次保证参与自增运算的都是 obj 或者说是(＋＋obj)的左值才行。

修改为引用返回，程序段如下：

```
class A
{ … }
A& operator ++(A& o)
{
  o.data++;
  return o;
}
void main()
{ … }
```

3) 后自增＋＋运算符重载

思考这样 4 个问题：

(1) 按照前例重载定义了＋＋函数，＋＋obj 与 obj＋＋(前增量与后增量)如何让编译器加以区别？

(2) 有没有 obj＋＋＋＋这样的表达式？

(3) 有没有＋＋obj＋＋这样的表达式？

(4) 有没有(＋＋obj)＋＋这样的表达式？

问题(1),当仅提供上面的程序段时,不论 main 函数中以"++obj"还是以"obj++"形式调用,都会触发调用前增量自增运算符。想提供后增量的 obj++形式的自增运算符函数,必须利用 C++编译器在运算符函数参数表后增加参数类型标识的方法以区别。例如,"A& operator ++(A& o,int)"的形式表示运算符++函数,它有两个参数,第一个参数是 A 类型,第二个参数是可变参数整型。采用后增量 obj++,自左向右适配实形参时,能找到"A& operator ++(A& o,int)",于是绑定成功。

后增量的程序段如下:

```
class A
{ … };
A& operator ++(A& o, int)
{
  A temp(o);
  o->data++;
  return temp;
}
void main()
{
  A obj;
  obj++;
}
```

注意:后增量实际返回的是自增前的变量值,然后变量自增,因此需要先值传递保存自增前的变量值再返回。显然,只有使用局部变量来关联引用(即局部引用)最为合适。因为,如果使用堆中分配的内存变量用于保存自增前变量,还需要在调用完后再使用 delete 清理释放堆变量内存,显然不符合后自增运算符用法习惯;而使用堆栈变量保存自增前变量,在自增运算结束后就自动归还内存无须后继清理工作。

有疑虑的是局部引用带来的引用关联局部变量的问题,可以看到,表达式的值一般都是右值、暂存的,因此临时引用关联也无不可。

对于问题(2),以 obj++++调用触发后自增调用为例,第一次后自增(obj++)返回了局部引用,关联了一个局部变量 temp,该变量值复制了自增前 obj 值;那么第二次后自增(obj++)++时,引用传入的就是 temp,返回的表达式值是再次开辟局部分配的 temp,仍是自增前的 obj 值。不论 obj 后自增多少次,得到的表达式值都是 obj 变化之前的值,这与常规的后自增运算相同。

```
class A
{ … };
A& operator ++(A& o, int)
{ … }
void main()
{
  A obj;
  obj++++;
  cout << obj.data << endl;
  obj.data = 0;
  obj++;
```

```
  obj++;
  cout << obj.data << endl;
}
```

在上述程序段中，以“obj＋＋＋＋”形式连续自增两次，得到的还是一次自增的 obj.data 值，因为第二次自增参与运算的是第一次“obj＋＋”表达式的值，而它是引用关联的 temp 值，并非 obj 自身，因此第二次自增对 obj 无影响。除非采用两次单独的“obj＋＋”，才会后自增两次。

对于问题(3)，根据相同优先级运算符结合性知，＋＋obj＋＋实际是＋＋(obj＋＋)，因此是先后自增，再前自增。根据前面的阐述，后自增返回的是自增前的 obj.data 值，此时 obj 自增 1；然后以引用关联的 temp 参与第二次前自增运算，对 obj 无影响。因此前自增失效只自增了一次，这和 obj＋＋＋＋也只自增了第一次相似。

对于问题(4)，(＋＋obj)＋＋形式表明先进行前自增，然后后自增。第二次后自增参与运算的是第一次前自增“(＋＋obj)”表达式结果，它就是 obj 左值，因此自增两次成功。

2. 流输出运算符

举一个经常需要自定义重载的流输出运算符例子。以上面的类 A 为例，试图重载＜＜，使得 cout 时能输出 data 域的值。程序段如下：

```
class A
{ … };
ostream& operator <<(ostream& os, A& obj)
{
  os << obj.data;
  return os;
}
void main
{
  A obj;
  cout << obj << 1.5;
}
```

上述代码中，ostream 是 iostream.h(或 iostream 名字空间)中定义的输出流类，对它可以传入不同的输出流对象从而实现在不同载体上的输出。如 cout 是标准控制台输出流对象，＜＜是一个双目运算符，使用 cout＜＜obj 时可触发输出到屏幕控制台的调用，其中 cout 是左操作数，obj 是右操作数。显然，双操作数都使用引用传递可避免值传递的性能损耗。

流输出运算符必须要有返回值且必须返回 cout 对象自身，这样才能继续输出如“cout＜＜obj1＜＜1.5”这样的语句。需要引用返回的原因在于 ostream 类的构造函数是 protected 访问属性的，当采用值返回时将调用该构造临时创建一个 ostream 对象，显然类及子类内部以外调用 protected 访问属性的函数是不允许的。

7.2.2 成员运算符重载

1. 成员运算符重载的若干规定

运算符函数除可以作为普通函数重载以增加新的含义支持自定义类型运算外，还可以充当自定义类型的数据成员。当使用类的运算符成员函数时，需要注意几点：

(1) 左操作数的参数被省略，因为左操作数就是激发调用该运算符函数的当前对象。对于流输出操作符<<，由于其左操作数只能是 ostream 对象，因此不能作为类的成员运算符形式进行重载，而只能作为普通运算符函数重载。

(2) 规定"="、"()"、"[]"、"->"这 4 个运算符如果要重载，必须作为成员运算符才能重载，否则对象与这些普通运算符重载函数进行的匹配检查将花费较多时间。

2. ++自增成员运算符重载

仍以前面的类 A 的自增运算符为例，给出它成为类 A 成员运算符的版本如下。

前自增：

```
A& A::operator ++()
{
  this->data++;
   return *this;
}
```

后自增：

```
A A::operator ++(int)
{
  A temp( *this);
  this->data++;
  return temp;
}
```

由于是单目运算符，因此当前对象成为唯一的参数被内置；后自增仍需要一个可变参数居于尾部指示进行自左及右参数匹配时，能与后自增匹配成功。

3. 双目+成运算符重载

再举一个双目运算符+的例子，程序段如下：

```
class A
{
public:
   double data;
   A(double x)
   {
     data = x;
   }
   double operator + (A& op)
   {
```

```
        return this->data + op.data;
    }
};
void main()
{
  A obj1(1),obj2(2);
  cout << obj1 + obj2 << endl;                    //右端操作数是两个 double 相加的简单表达式
}
```

注意：在类 A 内部重载了双目运算符+：

(1) operator+中参数可为值传递，但引用传递效率更高。

(2) 由于两个数相加的表达式只能是右值，因此为值返回而不能是引用返回。

7.2.3 转换构造与运算符重载

1. 问题引入

1) 例 1

```
class A
{
public:
  A(int x)
  {…}
};
void f(A obj)
{…}
void main()
{
  f(1);
}
```

上述 main::f 的调用实际上创建了一个临时 A 对象——调用 A(1)创建的 A::obj 对象，A::A(int)带参构造起到了将 int 转换成 A 的类型转换作用。

2) 例 2

```
class A
{
public:
   A(B st)
   { … }
 ⋮
};
void f(A s)
{ … }
void main()
{
  f( *new B());
}
```

上述 main::f 的调用，先创建 B()的匿名对象作为实参，值传递给 f 函数的形参 A::s，发现带参构造 A::A(B)，于是利用 B 对象成功创建一个 A 对象 s。这种 A::A(B)带参构造起到了将 B 隐式转换为 A 的作用。

这两个例子都使用带参构造完成了隐式类型转换，也称其为转换构造。巧用转换构造，可减少运算符重载函数的编写工作量。

3）例 3

考察下面的 main 调用形式：

```
class A
{ …
   double operator + (A& op)
   {
     return this->data + op.data;
   }
 ⋮
};
 ⋮
void main()
{
  A obj1(1);
  cout << obj1 + 1.5 << endl;                    //无法绑定成功“双目 + ”运算符函数
}
```

程序编译时，会提示错误，因为 1.5 无法与“double operator ＋ (A& op)”中的“A&”形参类型匹配。

一种改进策略是重载多个普通的“双目＋”运算符。

程序段如下：

```
class A
{
public:
  double data;
  A(double x)
  {
    data = x;
  }
};
 ostream& operator <<(ostream&os, A& op)
{
  os << op.data;
  return os;
}
 double operator + (A& op1, A& op2)
{
  return op1.data + op2.data;
}
 double operator + (A& op, double i)
{
  return op.data + i;
```

```
}
 double operator + (double i,A& op)
{
  return i + op.data;
}
void main()
{
  A obj1,obj2;
  cout << obj1 + obj2 << endl;
  cout << 1.5 + obj1 << endl;
  cout << obj2  + 1.5 << endl;
  cout << 1.5 + 1.5 << endl;
}
```

2. 使用转换构造

上面的程序段能满足不同参数"双目+"的匹配,但重载运算符的啰嗦让人考虑加入转换构造改进。

可考虑改用下面的形式:

```
class A
{
public:
   ⋮
   A(double x)                              //兼具转换构造作用
   {
     data = x;
   }
   double operator + (A op)                 //使用转换构造值返回
   {
     return this->data + op.data;
   }
};
ostream& operator <<(ostream& os, A& obj)   //当为 A 对象时,会触发调用该流输出
{ … }
void main()
{
  A obj1(1);
  A obj2(2);
  cout << obj1 + obj2 << endl;
  cout << obj1 + 1.5 << endl;
 }
```

注意:main 函数内的两次"双目+",都绑定调用"A operator + (A op)"形式成功。

(1) obj1 作为左操作数在成员运算符"双目+"中是当前对象。

(2) 右操作数如果是 A 类对象形式,调用一次浅拷贝生成局部对象 op。

(3) 右操作数如果是 double 常量相容形式,调用一次带参构造生成局部 op 对象。

新的问题是,如何运算 cout<<1.5+obj1?

由于作为类的成员函数,"双目+"仅当左操作数是类 A 对象时才会有机会被绑定调

用。如果想仅写一个"双目+"运算符重载函数就解决这些匹配难题，可采用普通的运算符重载。

程序段修改如下：

```
class A
{
public:
double data;
  A(double x)
  {
    data = x;
  }
};
double operator + (A op1,A op2)
{
  return op1.data + op2.data;
}
void main()
{
  A obj1(1),obj2(2);
  cout << obj1 + obj2 << endl;         //未调用转换构造
  cout << 1.5 + obj1 << endl;          //"1.5"会调用转换构造生成 op1 对象然后参与运算
  cout << obj2 + 1.5 << endl;          //"1.5"会调用转换构造生成 op2 对象然后参与运算
  cout << 1.5 + 1.5 << endl;           //基本类型运算
}
```

7.3 友元

在 7.2 节中提到，有些运算符必须使用非类成员的普通函数形式进行重载(如流输出运算符<<)。如果允许一个普通函数在类外部访问类内部的成员，该成员就只能开放为 public 访问属性，这对类封装授权访问来说是不可接受的。

为能直接访问 private 或 protected 成员，C++语言提供了友元。如果声明一个函数为该类的 friend，就授信了该函数可以随意访问该类的 private 或 protected 成员。因此，引入友元的目的是为了加快处理效率，不希望仅能间接通过类的 public 成员函数才能间接访问 private 或 protected 成员。

7.3.1 友元函数

被声明为某类朋友的函数，称为友元函数，它不受访问控制符的约束可对类对象成员任意访问。

```
class A
{
private:                        //注意友元不受访问控制符约束，在类声明中可随意放置
/* 声明两个友元函数，它们的调用可放在后面(定义所处位置任意)，即先声明后被调用 */
  friend ostream& operator <<(ostream&, A&);
```

```
    friend  A operator + (A,A);
    double data;
  public:
    A(double x)                              //兼具转换构造作用
    {
      data = x;
    }
  };
  //由于转换构造都转化为A对象形式,右操作数可使用引用传递加快效率
  ostream& operator <<(ostream &os,A& op)
  {
    os << op.data;
    return os;
  }
  A operator + (A op1,A op2)                 //使用值返回和值传递,存在转换构造的调用
  {
    return op1.data + op2.data;
  }
  void main()
  {
    A obj1(1),obj2(2);
    cout << obj1 + obj2 << endl;
    cout << obj1 + 1.5 << endl;
    cout << 1.5 + obj2 << endl;
    cout << 1.5 + 2.0 << endl;
  }
```

上述程序段中声明的两个友元函数可直接访问 private 访问属性的 A::data 成员。main 中发起了 4 种形式的对“双目＋”运算符函数调用,但只自定义了一种形式的“双目＋”运算符重载函数形式,分析如下:

1. cout<<obj1＋obj2

(1) 执行“双目＋”运算符函数,obj1 和 obj2 的值会值传递用于创建 A operator＋(A op1,A op2)中的 op1 和 op2,这里调用了拷贝构造。

(2) 执行 A operator ＋ (A op1,A op2)函数体,执行到 return 时值返回,此时会调用转换构造,将 double 转换为 A 临时对象返回。

(3) 接下来执行“cout<<A 临时对象”,会调用流输出运算符函数 ostream& operator<<(ostream &os,A& op),此时 A 临时对象引用传递给函数内的 op 用于输出。

2. cout<<obj1＋1.5

(1) 执行“双目＋”运算符函数,obj1 会值传递用于创建 A operator ＋ (A op1,A op2)中的 A::op1,此时调用拷贝构造;“1.5”会值传递到转换构造生成 A::op2,然后调用了转换构造。

(2) 执行 A operator ＋ (A op1,A op2)函数体,执行到 return 时值返回,此时调用转换构造,将 double 转换为 A 临时对象返回。

(3) 接下来执行“cout<<A 临时对象”,调用流输出运算符函数 ostream& operator<<(ostream &os,A& op),此时 A 临时对象引用传递给函数内的 op 用于输出。

3. cout<<1.5+obj2

(1) 执行“双目+”运算符函数,“1.5”会值传递到转换构造生成 A::op2,此时调用转换构造,然后调用转换构造; obj2 会值传递用于创建 A operator+(A op1, A op2)中的 A::op2,此时调用拷贝构造。

(2) 执行 A operator + (A op1,A op2)函数体,执行到 return 时值返回,此时会调用转换构造,将 double 转换为 A 临时对象返回。

(3) 接下来执行“cout<<A 临时对象”,调用流输出运算符函数 ostream& operator<<(ostream &os,A& op),此时 A 临时对象引用传递给函数内的 op 用于输出。

4. cout<<1.5+1.5

执行标准 double 基本数据类型的“双目+”运算符。

友元函数也可以是另一个类的成员函数。下面的例子中,B 类有一个成员函数 f,它也是 A 的友元函数可以任意直接访问 A 成员,而不必间接通过 A 的 public 访问属性来访问 A 的 protected 和 private 访问属性的成员。程序段如下:

```
class A;                                    //向前引用,这也是双向依赖,注意先出现弱类型
class B
{
  A *pa;
  A& aref;                                  //引用成员必须创建对象时初始化
public:
  void f(A o);
  B(A& oa);
};
class A
{
  int i;
friend void B::f(A);                        // B::f 同时也是 A 类的友元函数
public:
  A();
};
void B::f(A o)
{
//如果不是 A 类的友元函数,就不能直接访问 A::i 这个 A 的 private 成员
  cout << o.i << endl;
  cout << pa -> i << endl;
}
B::B(A& oa):aref(oa)
{
  pa = new A();
}
A::A()
{
```

```
    i = 0;
}
```

7.3.2 友元类

一个类 A 的所有成员函数都可以随意访问另一个类 B 的私有或保护成员，那么 A 是 B 的友元类。

下面是友元类的例子。友元类 D 中所有函数可任意访问 C 的成员。

```
class C
{
    int i;
    //声明 D 是 C 的友元类,即 D 中任意成员函数都是 C 的友元函数
  friend class D;
public:
    C();
};
C::C()
{
    i = 0;
}
class D
{
    C obj;
public:
    void f();
    void g(C);
};
//D::f 可以访问 C 的 private 成员
void D::f()
{
    A obj;
    C cobj;
    cout << cobj.i << endl;
}
//D 的其他函数也可以访问 C 的 private 成员
void D::g(C obj)
{
    cout << obj.i << endl;
}
void main()
{
    C objc;
    D objd;
    objd.f();
    objd.g(objc);
}
```

7.4 抽象类与纯抽象类

当一个类不能实例化拥有该类型的对象时,称该类为抽象类。抽象类意味着没有现实世界对象对应,仅作为抽象基类层次构造用。同时,由于基类具有默认实现的特征,派生类可因继承复用基类已有的方法而继承该类,因此,抽象类也可以是具有某些功能实现的父类,方便被继承使用。

定义抽象类的主要原因是因为尚不明确该类具体的功能实现(或也有部分的功能实现),希望未来"一类多用",并针对抽象编程提供一个稳定的基类方便不同的派生类实现。

7.4.1 抽象类

抽象类在程序代码层面是一个至少含有一个纯虚函数的类,程序段如下:

```
class A
{
  int dataA;
public:
  int f();
  A(int);
  virtual void g() = 0;
};
A::A(int x)
{
  cout <<"A 构造被调用"<< endl;
  dataA = x;
}
int A::f()
{
  return 1;
}
class B:public A
{
  int dataB;
public:
  B(int,int);
  void g();
};
B::B(int x,int y):A(x)
{
  cout <<"B 构造被调用"<< endl;
  dataB = 0;
}
void B::g()
{
  cout << dataB << endl;
}
void main()
```

```
{
  A obja(1);                    //错误,抽象类没有具体的现实世界对象,因此不能实例化定义对象
  B objb(1,2);
}
```

上面的程序段中,定义了一个类A,特殊之处在于其内含有"virtual void g()=0;"形式的函数声明。在类声明中,函数使用virtual修饰为虚函数,并且该函数没有函数体(函数参数表括号后使用"= 0"形式声明的,表明其函数体为空),称它是一个纯虚函数。

类A声明了一个纯虚函数,因此A是一个抽象类,不能被实例化。在main中定义"A obja(1);"时会发生编译错误。一个值得研究的问题是,为何抽象类A还要定义构造函数呢?可以这样理解:

(1) 抽象类虽然没有具体的现实对象供直接使用,但其具有基本的数据准备和某些功能实现,可供派生类直接继承复用。

(2) 即便不定义构造,系统也会提供默认构造。虽然抽象类不能被实例化,它的构造仅作为跳板函数(有可能定义的该抽象类继承了更上层别的类)或用于初始化本层基本数据准备用。

(3) 由于抽象类不能被实例化,其构造函数仅在发生继承时做跳板被调用,因此常被自定义为protected访问属性。

7.4.2 纯抽象类

纯抽象类是一种逻辑上的称谓,如果该抽象类没有功能的任何实现,仅作为概念抽象存在,就称为纯抽象类。类似的代码形式如下:

```
class IRobot
{
  int serialNo;
  int cpu;
   ⋮
public:
  virtual void work() = 0;
};
```

上面的程序段给出了一个智能机器人(IRobot)类声明,它没有任何的功能实现,所有对外提供的方法都是纯虚函数(如果有多个成员函数,那么每个都是纯虚函数),这样的类称为纯抽象类,是抽象类的特例。智能机器人这个纯抽象类对外定义了一个稳定的函数接口work,具体的work工作逻辑由不同的智能设备来实现。

下面定义了一个智能家居类IntelliHome,它聚合了一个智能机器人IRobot成员(弱类型,不可实例化),其具体指向哪个对象由客户端自定义。

```
class IntelliHome
{
  IRobot& robot;
public:
  IntelliHome(IRobot& r):robot(r)
  {  }
```

```
    void run()
    {
        robot.work();
    }
};
```

下面是客户端入口，这里自定义了两个派生类智能设备（洗衣机 WashingMachine 和清洁地板机 CleaningFloor），编写了测试程序如下：

```
class WashingMachine:public IRobot
{
private:
    void washClothes()
    {
        cout <<"正在洗衣服"<< endl;
    }
public:
    void work()
    {
        washClothes();
    }
};
class CleaningFloor:public IRobot
{
private:
    void cleaningFloor()
    {
        cout <<"正在清洁地板"<< endl;
    }
public:
    void work()
    {
        cleaningFloor();
    }
};
void main()
{
    IRobot * p = new WashingMachine();
    IntelliHome home1( * p);
    home1.run();
    p = new CleaningFloor();
    IntelliHome home2( * p);
    home2.run();
}
```

图 7-1 以类图形式给出了该系统的两层结构：在服务层针对抽象编程，使用了抽象类 IRobot；在客户层自定义了符合 IRobot 纯抽象类接口的两个具体智能设备测试。

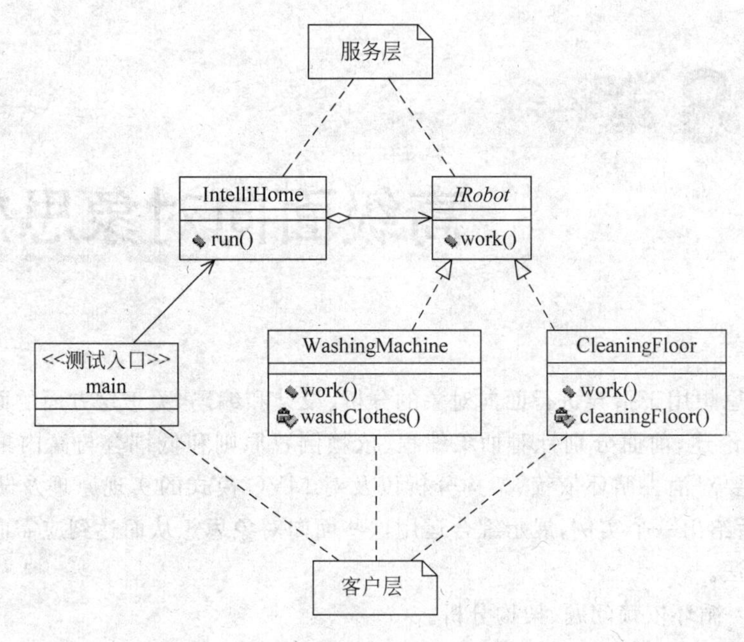

图 7-1 智能家居系统类图

7.5 virtual“三虚”

virtual 关键字在 C++中有着极为特殊的作用，总体上都与运行时动态检查对象内存空间有关。

1. 虚函数

使用 virtual 修饰类的成员函数声明时，表示该类函数适用于动态绑定，即不在编译时依据类型绑定，而是运行时依据对象内存空间绑定。

由于虚函数的动态绑定引入，使得依赖倒置成为可能，即针对抽象编程后，程序变成依赖客户自定义的派生类实现而自动适应(基类依赖于派生类具体实现)。

2. 虚继承/虚基类

使用 virtual 修饰派生类继承基类方式时，表示在运行时，即派生类对象实例分配内存和构造初始化时动态监测对象内存空间，避免重复的成员内存复制(菱形问题)。

3. 虚析构

使用 virtual 修饰类的析构函数声明时，表示当析构运行时不静态绑定析构函数，而是在运行时检查对象内存，判断派生类对象的析构是否覆盖改写了基类析构(继承树结构下的析构函数均为同名同型，只要某树枝节点析构为虚，其子孙后继类的析构均为对其的覆盖改写)。

第8章 高级面向对象思想

面向对象思想用于指导进行面向对象的分析、设计和编码，关于这方面的面向对象思想指导已有很多论述，前面分别针对抽象编程、依赖倒置原则和低耦合与高内聚做了详尽阐述。本章将主要对消去循环依赖、架构分析以及对 MVC 模式的实现原理及缺陷改良方面做些探索，最后给出一个实例，展示综合运用这些面向对象思想从而达到应需而变目标的面向对象设计方法。

本章重点：循环依赖问题、架构分析。

难点：架构分析、MVC 模式原理。

8.1 循环依赖问题

循环依赖问题也称双向依赖问题，不同于 6.3 节论述的程序依赖问题，这里所说的依赖是广义上的使用关系，包含了关联、聚合和狭义上的依赖。

包和包之间不能有循环依赖关系，包是一些相关类的集合，两个包之间如果有着双向的依赖关系，或循环的依赖关系，会导致包间耦合急剧增大，多个包都不容易变更和重用。例如，在一个有着 A、B 和 C 的三个包的系统中，假设 ABC 各处在一个包中，正常的单向依赖是 A→B→C，即上层依赖底层提供的服务，是一个单向的分层依赖模型。如果位于较低层的包发生了变更，需要其上部的包对应变更；如果较低层包对外提供调用的接口稳定，那么上部包对其的调用也不需要改动。

如果是循环依赖 A→B↔C 的形式，一旦较低的某层发生变动，如 B 包变更，那么由于 B、C 包互相影响，修改难度大；如果是循环依赖 A→B→C→A 的形式，一旦 A 包变更，A、C 包互相影响，修改难度大同样不易协调谁先调改。循环依赖还会导致项目组内因为具体任务相互依赖而停滞不前，极易引发项目管理失误。因此，无论何种原因，都应极力避免出现循环依赖。

8.2 架构分析

1. 架构与组件

在系统分析（用例分析和类分析）阶段的尾期，即开始设计之前要进行架构分析。架构是一个容易理解但却很难精确定义的概念，一般来说，架构分析主要从宏观上考虑一个软件系统应该如何组织。通常，需要确定一些策略性的设计仿真、原则和基本模式，在它们的指导下分析软件系统的宏观结构，认识软件系统由哪些组件构成，了解组件间的接口和协作关系。架构分析的结果对于后续设计阶段工作也是一种约束，有助于消除设计和实现过程中的随意性。因此，架构分析有时也被称为策略设计，可划入设计阶段。

组件是由一组对象构成的，有着固定接口的有机体。当设计者的观察视角不同、组建的规模不同或内部的封装程度不同时，这些有机体可能会表现为不同的形式，如软件架构中的层、包或子系统等。架构分析的目的就是要通过科学的解析，将整个软件系统划分为不同的组件，并准确定义组件间的接口。在软件实现后，架构分析时提出的不同类型的组件，如层、包或子系统等，也可能有不同的表现形式。例如，它们可表现为 Java 程序中的一个包，或 C++程序中的一个源代码目录，甚至可能只对应设计阶段的一个逻辑范畴而没有任何代码结构。在软件发布和配置时，一个或多个组件可连接为一个可执行程序，也可表现为一个动态链接库，也可以表现为 ActiveX 控件或 EJB 组件，而且，不同的组件可以部署在同一台计算机上或不同的硬件平台上。

架构分析在软件开发过程中发挥着极其重要的作用，在 UML 建模过程和 UP 过程中，都把架构放在最中心的位置。

首先，现代软件越来越复杂，如果没有良好的结构和规则，软件的复杂性随着后期变更维护很可能快速上升，就会像“蝴蝶效应”一样快速膨胀和爆炸，以至于超出常人的理解能力。架构分析预先为软件定义科学的结构与规则。通过这些结构与规则，人们能有效控制软件的复杂性，使软件易于理解、实现和变更维护。

其次，好的软件架构既可以分离软件中的不同组件，又可以精确定义组件间的接口，使得软件系统中的大部分具备较好的可复用性。直接复用前人良好的架构，并产生更大规模的良好架构是软件工程发展的趋势。

最后，架构分析的结果也是多个项目组进行协作的基础。在架构中得到有效分离的组件可以被分配给不同的项目组开发，只要保证组件的接口定义不变，组建内部的变化不会对整个系统的集成产生影响。许多人希望提升企业的软件开发水平，改进传统作坊式开发流程，尽可能复用历史经验，那么，架构分析是开展协作式开发、向现代软件企业迈进的必由之路。

2. 避免过早进行功能分解

进行架构分析时，最常见的错误就是按照功能来分解系统组件。功能分解式的模块划分容易造成耦合众多和复杂。例如，一个图书馆系统，在分析之后的设计阶段如果直接按照功能分解，可划分为借阅模块、还书模块，并分由两个小组来完成两者设计和开发。这必将引发很多棘手的问题：书目信息、读者信息等两个模块共享的类数据该如何处理？由谁来处理？底层的数据库操作是否有必要在两个模块中重复出现？如何防止两个小组间的工作重复或遗漏？假如项目需要包含一个负责访问远程数据库的代理组件，这个组件又该在哪个模块中实现？

1.1 节介绍子系统划分和分层原则时提到，功能分解是结构化程序设计的特点，也非常实用，它是一种子系统划分的思想方法。功能分解何时用是个关键问题，时机不当会严重妨害对系统组件及组件关系的理解，要时刻注意避免走入功能分解的误区。上述问题的解决在面向对象方法看来很简单：一开始就应在分析阶段将数据与操作封装在一起形成相关业务类；在概要设计时先进行适当的架构分析分层，使得形成单向的层间依赖访问关系，去除循环依赖；接着再进行功能模块划分，对较为复杂、相对独立的一些类划为子系统，并为子系统设计分离出接口提高其对外的稳定性。也就是说，面向对象设计将架构分析提前到子系统模块划分之前以尽可能消除依赖，并对相关功能聚体识别为一个个子系统，定义它们对外提供访问的稳定接口，如此一来，系统内的耦合大量存在于各子系统内部，较少发生于子系统之间(之间如果有耦合，可将发起请求的子系统包装入一个代理委托类，再向另外的子系统接口发起请求)。

面向对象分析与设计的基本原则都强调对数据和相关操作的封装，因此，耦合度强，在逻辑上关系紧密的数据及操作应封装入同一类。如果在面向对象分析之前，就采用功能分解将软件系统肢解为多个功能模块，那么操作一个数据的方法就有可能被拆分到不同的模块中，不同模块中的对象就产生了很强的耦合。此外，即便使用面向对象分析得到了合理封装的类结构，也应在子系统模块划分之前进行架构分析调整以消除可能有的循环依赖，并应用适当的架构模式来应用前人证实好的系统结构以尽量提高模块内聚和降低模块间耦合。因此，子系统划分应该在架构分析之后进行，属于设计阶段的任务，设计者应该在面向对象分析的结果上来进行子系统设计。

面向对象分析、面向对象设计都以架构为中心，其在面向对象分析和面向对象设计的不同阶段不断得到细化和完善，在详细设计结束后最终确定形成了合理、规范的架构模型。如果采用迭代增量的软件过程，那么软件系统的架构还是一个迭代完善的过程。

3. 典型的架构模式

典型架构模式如表 8-1 所示。

表 8-1 典型的架构模式

软件类型	架构模式	特点
系统软件	分层	从不同的层次观察系统，处理不同层次问题的对象被封装到不同的层
	管道和过滤器	系统由管道和过滤器组成，数据通过管道依次传送到过滤器，每个过滤器都是一步处理步骤，当数据通过所有过滤器就完成了所有处理。UNIX 系统的管道模型即建立在这样的架构上：进行开发时，每个进程就是一个过滤器，通过管道将进程连接起来协同完成整个任务。大多数编译软件也是基于这种架构
	黑板	有两种不同的组件，一种表示当前状态的中心数据结构；另一组是相互独立的组件，这些组件对中心数据结构组件进行操作。该结构多用于人工智能和数据库系统

续表

软件类型	架构模式	特 点
分布式软件	经纪人	客户和服务器通过一个经纪人部件进行通信：协调客户与服务器间的操作，为客户和服务器发送请求和结果信息，如CORBA就是其典型应用
	客户服务器	服务器一直处于侦听状态为多个客户服务，响应客户主动发出的请求
	点对点	节点都处于平等地位，每个节点都可以连接其他节点。需要一个中心服务器完成发现和管理节点的操作。QQ、BT下载以及有关Web Service技术的应用都是该类型的软件
交互软件	模型视图控制(MVC模式)	当用户界面非常复杂而且多变时，需要适当隔离界面层与业务处理逻辑层，于是中间需要一个控制层来做控制转发

如果以应用软件来举例，从上表可以看出，最常使用的是分层模式和MVC模式。

1) 分层模式

1.1节中提到，当系统复杂时，逐步求精实际上得到一个分层的模型，这样不仅容易有效分配工作量，更重要的是容易复用和变更，只要预先保证层与层之间、组件与组件之间的接口稳定，也容易集成和重组。由此可见，分层是绝大多数软件系统首先会考虑应用的架构模式。对于交互类型的软件，分层模式应用大多分为三层，显示层负责为用户显示信息；业务逻辑层封装不易变化的核心逻辑；数据持久化层负责处理数据读出写入。对于系统类型软件，则可分为中间层和系统层两个层次，前者包括框架系统、数据管理接口及一些与平台无关的服务；后者则与平台密切相关，包括操作系统接口、硬件接口等。更大型的软件系统可能既包含交互类型的软件模块，又包含系统类型的软件模块，这时，可将整个系统看成一个多层的结构，包括显示层、应用逻辑层、数据持久化层、中间层和系统层等，有些复杂的系统架构甚至可能多达5～7层。

在进行系统分层时，要注意以下6点原则：

(1) 级别相同，职责类似的类应组织入同一层，往来频繁具有双向消息的类应组织入同一层。

(2) 尽量将可能发生变化的类提出放到一层中，变化发生时只要改变该层即可，使修改影响最小。

(3) 层与层间的耦合应尽可能松散，只要保证接口一致，某层的具体实现就很容易被扩展修改或替换。

(4) 避免循环依赖。如有可能，应尽可能将直接依赖调整为间接依赖，当变化来临时容易动态加载适应。层与层间的循环依赖会严重妨害软件的复用性和扩展性，必然导致耦合增强，使相关的每一层都无法独立构成一个可复用的组件单元。当需求发生变化时，某层的变动会影响其他所有层变动。

(5) 每层只能单向调用下层服务，不得调用上层的服务，原则上不得跨层调用。

(6) 复杂的模块应继续逐步求精分解到粒度更细的层或子系统。

上层调用下层提供的服务，但为避免形成循环依赖不允许下层调用上层的接口，实际应用时往往需要变通来符合。例如，上层定义了一些数据结构是本层和下层都要使用的，并且上层还要调用下层的一些服务，客观上这已经形成了循环依赖。如图 8-1 所示为可能的循环依赖以及一种有效地消去循环依赖的方法，提取上层中被下层访问的部分，将其作为一个独立、不属于任何层可被大家都依赖访问的应用包存在。如此一来，系统分层模型中要么是各层对公有包的依赖访问，要么是上层对下层的单向依赖访问，没有循环依赖。

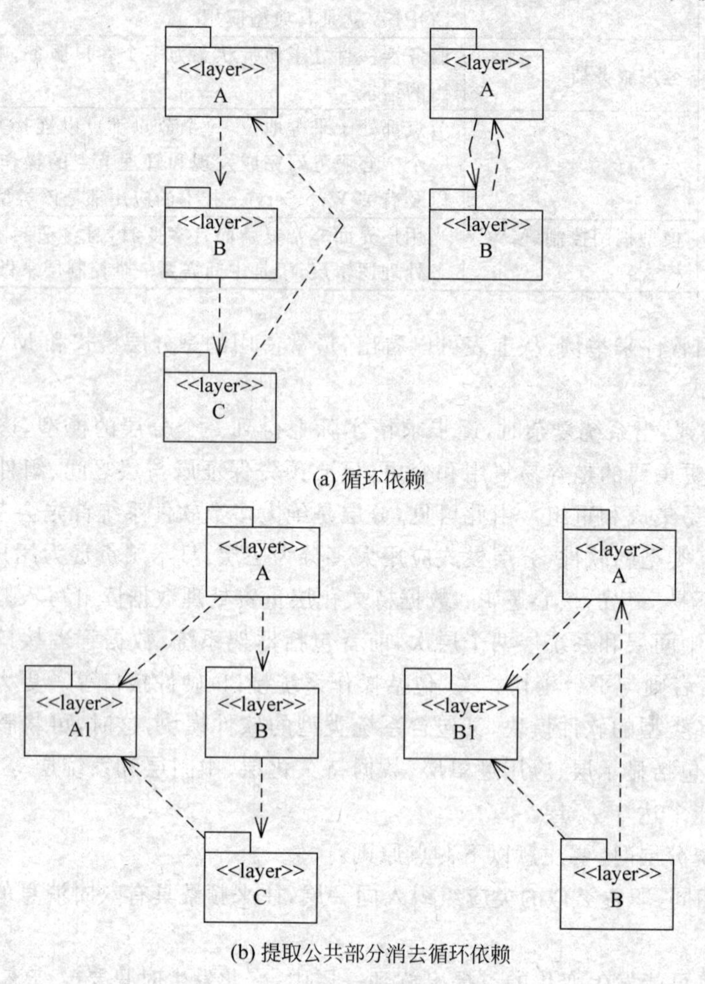

(a) 循环依赖

(b) 提取公共部分消去循环依赖

图 8-1　一种消去循环依赖的方法

但这种方法并不适合所有情况，当下层需要处理上层的信息是变化的而不是固定不变的数据类型或变量时，提取公有应用包变得困难，需要变通的办法来逆转访问的方向。

常见的一种情形是，处于上层的显示层需要经常更新，下层的业务逻辑层在处理得出新数据后负责显示层的更新，但又不能直接去调用显示层更新重绘的接口。现改为由业务逻辑层维护一个数据结构，显示层在该数组中注册信息(上层访问下层数据结构)。当业务逻辑层完成数据处理需要更新显示层时，直接操作本层该数据结构。

实际上，如果底层维护的数据结构是一个通用数组，就能够屏蔽因上层对象数量、类型等变化而要求底层服务大幅度修改的难题。上层注册在底层的数组中，底层通知上层时无须访问上层，只需遍历该数组即可。结合使用针对抽象编程，底层与上层对象的具体类型解耦而只与接口耦合，而接口可以是作为公用的应用包存在并且相对稳定。因此，当一方发生变化时，新增该变化所需的新类和对象，并使用注册机制来动态加载该类对象，而另一方则保持稳定不需要修改业务逻辑代码(仍然是遍历访问其自身上的通用数组)。6.2.4 节给出的用聚合替换继承的例子也使用了该方法。

2) MVC 模式

有许多应用程序都有这样的共同特点，在功能需求保持稳定的前提下，用户界面的外观、操作方式等经常发生变化，但业务逻辑却能保持相对的稳定。不同的应用项目还可能分享某些共同的业务逻辑组件。

不分层的单层模型，即在用户界面层进行业务逻辑处理是不合适的做法，造成内聚性低、修改复杂可维护性差。以 Java Web 编程来说，早期由 Servlet 负责业务处理和 out 输出 HTML 页面，系统变更以及维护困难。后来 Sun 公司推出的 JSP 模式 1(JSP Model1)有力地改进了这一点，它是一个两层模型，JSP 页面除了显示，还负责存取业务对象 bean；Java Bean 负责业务逻辑。JSP 模式 2(JSP Model2)是三层模型，JSP 页面只负责显示；Java Bean 负责业务逻辑；还增加了 HttpServelet 派生类做控制层，负责 Java Bean 存取和跳转控制。

MVC 提出了最为朴素的世界三层模型论，即认为任何系统，最少需要分成前、中和后台三层。从上面所说的 Java Web 编程技术演变来看，趋势是分层越来越多，但最初目的是希望多变的页面能够与业务逻辑尽量分离。MVC 三层模型是从现实世界普遍观察得出的结论，大多数软件系统上层有界面，底层有业务逻辑处理，都需要一个位于中间层的结构来分发控制。例如，一类请求应发往业务对象 A 处理；另一类请求应发往业务对象 B 处理等。通俗来说，位于 MVC 的三层就好比上中下三层。上层是多个不同的请求来源的页面；下层是多个负责不同请求处理的实体；中间则是一个 CASE 语句，循环判断来自何种请求，然后转发给具体的实体来处理该请求。客观上，控制层起到了隔离界面与底层业务的做法，也是一个安全检查和认证服务等中间过程的理想所在层。

MVC 将三层命名为“模型—视图—控制”，从上到下的层次顺序看是“视图—控制”模型。控制层的作用不仅在于提高了各层内聚度，更好地保护了业务逻辑信息安全，更重要的意义在于提供了一种使上下两层发生变化时的相对独立性，即当页面发生变化时，业务逻辑一般不变，如果需要小的调整可由控制层来适应性调整；反过来，当业务逻辑有变化、但页面不希望变化时，也可以在控制层负责适应性调整。

初步完成系统分层后，还需规范各层的接口使得底层变化时上层始终保持稳定(上层依赖底层抽象稳定的接口而不依赖底层实现细节)，这属于设计范畴，称为子系统设计。子系统设计指对一些较复杂、相对独立但不能用一个类来概括的分析类概括为一个子系统，并精确定义其对外接口。子系统通过接口与其他类对象协同实现整个系统功能，一旦明确子系统的接口，其内部实现细节的变化也不会引起其他类对象的耦合修改。

8.3 MVC 模式

Windows 下常用的 MFC 框架就是 MVC 模式的一种近似实现：MFC 中的文档类、视图类、文档模板类可以分别对应于 MVC 模式中的模型、视图和控制器。Java JDK 里的 AWT 和 Swing 框架，以及后来的.NET 框架则使用更接近 SmallTalk 的方式实现了 MVC

模式。

除了传统的GUI框架外，MVC模式在Web开发中也同样出现。例如，在.NET平台上，可以使用ADO.NET等技术封装模型对象，用ASP.NET中的Web Form和Server Control等技术分离视图和控制器；在EJB应用中，通常将模型封装在Entity Bean和Session Bean中，同时使用JSP实现视图功能，用Servlet或Java Bean实现控制器功能；此外，在基于Java的J2EE Web开发中，还可以直接使用一些成熟的MVC框架来简化和加速开发工作，如Struts框架就可以将模型（Struts可连接JDBC、EJB、Hibernate、iBATIS等接口和产品）、视图（Struts可集成ActionForm、JSP、JSTL、JSF、XSLT等相关技术）和控制器（通过Struts的ActionServlet、ActionMapping等机制实现）有机结合起来，大幅降低编码和维护的工作量。

应当指出，MVC模式仅提供了一种指导性的原则和框架，不同的系统、GUI框架或Web框架对MVC模式的理解和实现也有着相当大的差别。另外，在所有应用中使用MVC模式也不是一个明智的选择，8.3.3节将对此展开讨论。因此，Sun公司作为Java和JSP的创造者，提出将Web应用开发分为“模型1”（简单应用，无须使用MVC模式）和“模型2”（需要隔离模型、视图和控制器）。

总之，MVC模式是在开发中隔离数据、业务逻辑、控制逻辑和输入输出方式的一种有效手段，但怎样合理使用MVC模式以扬长避短，需要在实践探索中认真思考。

8.3.1 模式设计目的

MVC模式的设计目的如下：

(1) 把负责界面显示或用户输入的对象和负责业务操作的对象分开，使用户界面相关代码不必关心如何完成业务操作等问题，而业务代码也不必关心如何和用户交互。

(2) 两类对象分离后，可以相互独立地发生变化，而不会给对方造成影响。例如，界面是软件中较易发生变化的部分，使用MVC模式后，开发者可以相对独立地改变用户界面的代码。

(3) 两类对象可以交由不同的项目组分工并行开发，同时可保证系统代码的可读性、易维护性和可扩展性。

(4) 在一个系统中添加新的数据显示方式（新的视图）非常容易，对系统原有代码没有任何影响。

(5) 可用多个视图，从不同角度展现同一份数据内容。

(6) 在运行期，软件可根据工作流程、用户习惯或系统状态动态选择不同的用户界面。

(7) 两类对象分离后，更多的对象可以成为复用对象。例如，负责业务处理的对象可以很容易被复用于不同的项目中，甚至可以被重复用到不同平台的软件系统中。

(8) 负责业务处理的对象可以很容易地脱离用户界面系统。可以单独地对它们进行测试，也可在另一个项目中以后台的方式调用这些对象的功能，或利用它们进行批量处理。

(9) 通过分布式的协议，可以很容易地把负责业务处理的对象部署到其他服务器上运行，同时把负责用户界面的对象部署在客户端与前者进行交互。

8.3.2 模式基本结构

图 8-2 所示并不能严格地称为是类图，只是借助类图的形式来表达不同层对象间的交互方式，图中对关联和依赖做了编号以便展开描述：

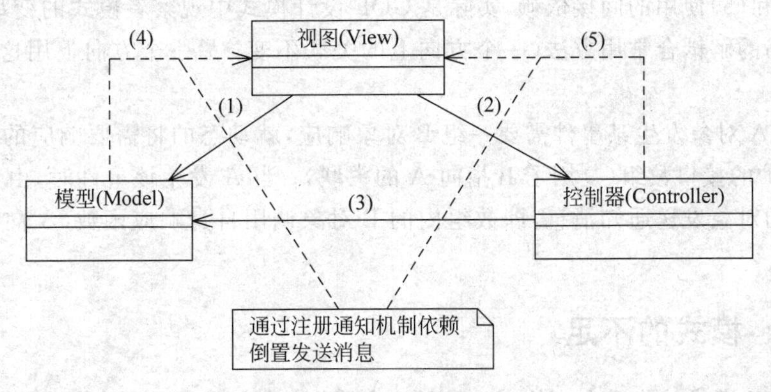

图 8-2 MVC 基本结构图

(1) 正向依赖，上层视图层对象和下层模型层某对象间存在关联关系。1 号关联线表示上层向下层的注册行为，通过发送注册消息将相关的上层视图层对象保存在下层模型层对象的某数组中。

(2) 正向依赖，上层视图层对象和下层控制层对象间存在关联关系。2 号关联线具有两种含义：

① 上层向下层的注册行为，通过发送注册消息将上层视图层对象保存在下层控制层对象的某数组中。

② 上层请求下层转发业务逻辑处理请求，即用户在视图层激发的业务请求，发给控制器层进行转发控制。

(3) 正向依赖，上层控制层对象和下层模型层对象间存在关联关系。3 号关联线表示控制层对象转发给对应模型层业务对象处理来自用户在视图层的请求。

(4) 反向依赖，下层模型层对象和上层视图层对象间存在间接依赖关系。4 号依赖线表示底层的模型层对象向本地维护数组内的视图层对象发出更新视图消息，即模型对象已经更新，要求更新视图显示。

(5) 反向依赖，下层控制器层对象和上层视图层对象间存在间接依赖关系，和(4)类似但解决的是另一种情况时的视图直接更新。当控制器层对象接收到来自视图层消息后，可能不必更新模型层对象状态而只需通知视图改变部分显示内容。5 号依赖线表示由控制层通知视图层，控制层对象向本地维护数组内的视图层对象发出更新视图消息。

1 号关联具有显式的成员可见性，即视图层对象向模型层对象发消息，将视图层对象保存注册到下层模型层对象维护的一个是接口类型对象数组，该数组能容纳视图层对象这样的子类类型对象。4 号依赖被称为间接依赖，因为模型层对象直接依赖和操作的是接口类型。当模型层对象向视图层对象发消息时，是遍历该数组向注册了的相关对象发送视图更新消息，至于具体是向谁发送消息，这属于动态多态，在实际运行时决定。

2 号关联具有显式的成员可见性，具有两种含义：其一是将上层相关的视图层对象保存注册到下层控制器层对象维护的一个抽象类型数组，该数组同样能存储视图层对象这样的子类类型对象；其二是视图层向控制层发转发来自用户请求的消息。5号依赖被称为间接依赖同样是因为控制层对象操作和依赖的是接口数组中保存的对象，并非直接依赖于视图层对象。

上述(4)和(5)使用的间接依赖，实际是GOF设计模式中观察者模式的变型使用，也是一种双向依赖的解耦合常用方法（一个方向上的关联不变；另一个方向上用这种方法转化为间接依赖）。

例如，若A对象发生某事件需要一组B对象响应，就动态的将需要响应的一些B对象注册到A维护的接口数组（复用了B指向A的关联）；当A发生该事件时，由A向自身维护的数组内的对象发送通知消息，即数组内的B对象调用自身响应函数（A向B父类接口的间接依赖）。

8.3.3 模式的不足

使用MVC模式并非没有代价，相对于"小鱼类"的技术而言，MVC模式还是属于"熊掌类"的模式，虽然味道鲜美，但使用时的代价也相对较大。

MVC模式的主要缺陷是该模式可能使模型类和视图类间的交互变得非常复杂。假设有这样一个系统，用户每进行一次操作，系统就在数据库中记录该操作的输入信息，然后显示操作结果。如果使用MVC模式，显然模型与视图间的交互就会非常频繁，系统效率也很低，在结构上也较难理解。

类似地，对于很难提取完整业务逻辑的系统来说，按照MVC模式分离后的模型类很容易变成一个简单的函数库，或一层缺乏实际意义封装，使用MVC模式就有些得不偿失。其他情况下，使用MVC模式时，根据模型和视图间消息交互的频繁程度，可使用两种不同的方法来实现模型通知视图刷新的操作。

(1) 模型类仅发送一简单的通知消息给视图层表示模型的状态发生了变化，视图层然后发起主动查询获知必要的状态信息，根据发生变化的状态来决定自己如何显示。这种方法特别适用于消息交互十分频繁的情况——交互频繁，但每次交互交换的信息量小。

(2) 模型向视图发送不同的消息，或发送包含足够状态信息的消息，视图此时就可省去后面的查询操作——交互次数少，但一次交换的信息量大。

8.4 应需而变实例

本节将给出一个简单实例，描述如何找出变化点应需而变。

假设有这样的需求：一个新用户要注册，注册成功时系统发送欢迎邮件。

1. 粗糙的实现

```
class User
{
private:
                                    //用户信息等
```

```
    UserDao dao;                              //操作数据库的类,此处略
public:
    void register()
    {
        ⋮
        //使用 DAO 加载数据库驱动
        //使用 DAO 获得数据库连接对象
        //使用数据库连接对象拼接 SQL 操作数据库表的串
        //使用数据库连接对象执行 insert 的 SQL 语句,插入一条新用户注册记录
        HelloMail p = new HelloMail("注册信息等");    //HelloMail 封装了邮箱地址等
        p->send(this);
    }
};
```

假设需求发生了变化,还要送积分,也就是说还要对 register 成员函数进行修改,增加一个对积分类 Bonus 对象的发送操作:

```
Bonus q = new Bonus();
q->send(this);
⋮
```

2. 应需而变的灵活实现

显然,这样的需求变更是频繁的。说不定哪天又要"送红包","送明信片邮寄到家"等。于是,能够评判、容易变化的是"送"这个行为。不同的"送"行为,需要不同的派生类去各自实现。例如,"送红包"需要提供支付宝或银行账号;"送明信片邮寄到家"需要填入家庭住址等。将要送的东西抽象为 gift 这个抽象类,"送"的不同行为抽象为该抽象类的纯虚函数。

```
class Gift
{
public:
    virtual void send(Gift *p) = 0;
};
class User
{
private:
    UserDao dao;                    //操作数据库的类,此处略
    ArrayList al;                   //通用动态数组,可自行编写,也可使用 STL 模板库中内置的
public:
    void attach(Gift *p)
    {
        al.add(p);
    }
    void detach(Gift *p)
    {
        al.remove(p);
    }
    void register()
    {
```

```
            ⋮
        //使用 DAO 加载数据库驱动
        //使用 DAO 获得数据库连接对象
        //使用数据库连接对象拼接 SQL 操作数据库表的串
        //使用数据库连接对象执行 insert 的 SQL 语句,插入一条新用户注册记录
        foreach e in al
        {
          e.send(this);
        }
      }
};
class Bonus:public Gift
{
private:
  //有关积分对象的一些信息
public:
  //Bonus("参数表")
 //{初始化积分对象信息}
  void send(Gift * p)
  {
    //具体的积分赠送发送业务逻辑
  }
};
class HelloMail:public Gift
{
private:
  //有关邮件对象的一些信息
public:
  HelloMail("参数表")
  {//邮件的基本信息初始化}
  void send(Gift * p)
  {
    //具体的邮件发送业务逻辑
  }
};
class PostCard:public Gift
{
private:
  //有关明信片对象的一些信息
public:
  PostCard("参数表")
  {//明信片的基本信息初始化}
  void send(Gift * p)
  {
    //具体的明信片发送业务逻辑
  }
};
//客户端的测试函数
void main()
{
  User u;
```

```
    Bonus *b = new Bonus("积分信息");
    u.attach(b);                          //准备要送积分
    HelloMail *m = new HelloMail("邮件信息");
    u.attach(m);                          //又要准备发送欢迎邮件
    ⋮
    u.register();                         //某个时刻有用户来注册,这时启动发送了邮件和积分
    ⋮
    u.detach();                           //另一时刻要取消发送积分
    ⋮
    u.register();                         //某个时刻有用户来注册,这时启动发送了邮件
    ⋮
    PostCard *p = new PostCard("明信片信息");
    u.attach(p);
    u.register();                         //某个时刻有新用户来注册,这时启动发送了明信片和邮件
  ⋮
  }
```

图 8-3 给出了上述设计的类图,图中看到 User 和纯抽象类 Gift 之间使用了依赖线,这是因为它们之间不是关联,而是一种动态装载的临时使用关系(attach 时建立依赖,detach 时去掉依赖)。

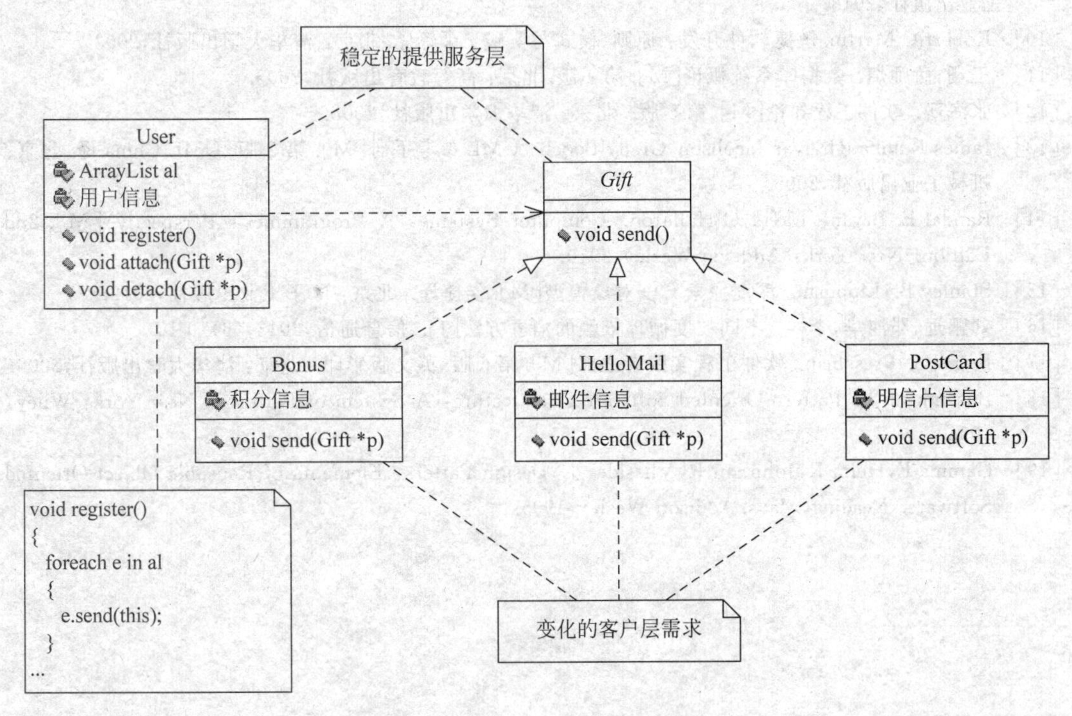

图 8-3 应需而变的该例设计类图

采用上述的改良设计后,每当客户需要变更新用户注册时的赠送逻辑,如需要新送什么礼物,就可以自行扩展新的派生类,然后 attach 一下再 register 即可,无须修改服务层的 User 和 Gift 类。

参 考 文 献

[1] Brian W Kernighan, Dennis M Ritchie. C Programming Language (2nd Edition)[M]. New York: Prentice Hall, 1988.

[2] Larman C. UML 和模式应用：面向对象分析和设计导论[M]. 姚淑珍译. 北京：机械工业出版社，2002.

[3] 刘鹏远，温珏，桂超，李祥. 面向对象 UML 系统分析建模[M]. 北京：清华大学出版社，2013.

[4] Eckel B. Thinking in C++, Volume1, 2nd Edition[M]. Upper Saddle River, NJ: Prentice Hall, 2000.

[5] Kayshav Dattatri. C++: Effective Object-oriented Software Construction (2nd Revised edition)[M]. New York: Prentice Hall, 1999.

[6] Flower M. 重构：改善既有代码的设计[M]. 侯捷译. 北京：中国电力出版社，2003.

[7] 刘鹏远，王得军，靳延安. Composite 模式与透明访问聚合约束机制研究[J]. 科技创业月刊，2013，(9):169-171.

[8] Stanley B. Lippman, Josee Lajoie, Barbara E. Moo. C++ Primer[M]. 第 3 版. 英文版影印. 北京：人民邮电出版社，2005.

[9] Stanley B. Lippman, Josee Lajoie, Barbara E. Moo. C++ Primer[M]. 第 5 版. 英文版影印. 北京：电子工业出版社，2013.

[10] Robert C Martin. 敏捷软件开发：原则、模式与实践. 邓辉译. 北京：清华大学出版社，2003.

[11] 王珊，萨师煊. 数据库系统概论[M]. 第 4 版. 北京：高等教育出版社，2006.

[12] 张海藩. 软件工程导论[M]. 第 5 版. 北京：清华大学出版社，2008.

[13] James Rumbaugh, Ivar Jacobson, Grady Booch. UML 参考手册[M]. 第 2 版. UML China 译. 北京：机械工业出版社，2005.

[14] Randal E. Bryant, David O'Hallaron. Computer Systems: A Programmer's Perspective[M]. 2nd Edition. New York: Addison Wesley, 2010.

[15] Stanley B. Lippman. 深度探索 C++对象模型[M]. 侯捷译. 北京：电子工业出版社，2012.

[16] 刘鹏远，邓沛华，李祥. 不同粒度循环依赖的消去方法[J]. 信息通信，2013，(6):9-10.

[17] Roger S. Pressman. 软件工程实践者之路[M]. 第 6 版. 英文版影印. 北京：清华大学出版社，2006.

[18] Buschmann F. Pattern-Oriented Software Architecture: A System of Patterns. New York: Wiley, 1996.

[19] Gamma E, Helm R, JohnSon R, Vlissides J. Design Patters: Elements of Reusable Object-Oriented Software. Reading, Mass. Addison Wesley, 1995.